心理咨询
使用指南

如何获得有效疗愈

白京翔　　著

中国纺织出版社有限公司

内 容 提 要

面对心理困扰时，推开咨询室的门需要勇气，而门后的未知更让人犹豫。这本书像一位温和的向导，牵着你的手走过这段探索之旅。它不灌输教条，而是从心理咨询室中发生的日常点滴讲起，带你看见心理咨询如何成为一场温暖的自我对话。书中没有晦涩的理论堆砌，而是用普通人的真实心声串联起咨询全貌：如何辨别真正适合自己的咨询师？咨询中感到不安该怎么办？不同流派的理念有何温度差异？

这本书不仅能帮助普通读者了解心理咨询的全流程，也是一份给助人者的礼物：咨询师会看到如何用专业守护脆弱心灵，规范咨询流程并聚焦于来访者真正关心的问题，从而更科学、精准地抵达来访者的心灵深处，帮助他们找到自我。

图书在版编目（CIP）数据

心理咨询使用指南：如何获得有效疗愈／白京翔著.
北京：中国纺织出版社有限公司，2025.11. -- ISBN
978-7-5229-3052-7

Ⅰ.B849.1-62

中国国家版本馆CIP数据核字第20255GN222号

责任编辑：郝珊珊　柳华君　　　　　责任校对：高　涵
责任印制：储志伟

中国纺织出版社有限公司出版发行
地址：北京市朝阳区百子湾东里A407号楼　邮政编码：100124
销售电话：010—67004422　传真：010—87155801
http://www.c-textilep.com
中国纺织出版社天猫旗舰店
官方微博 http://weibo.com/2119887771
天津千鹤文化传播有限公司印刷　各地新华书店经销
2025年11月第1版第1次印刷
开本：880×1230　1/32　印张：8
字数：160千字　定价：58.00元

［ 推荐语 ］

在寻求心理咨询帮助的路上，太多人因缺乏指引而浪费时间、消耗勇气。作为心理咨询师，我深知心理咨询"导航"的重要性。《心理咨询使用指南：如何获得有效疗愈》正是填补市场空白的"心理咨询导诊手册"，帮你快速避开误区，精准选对咨询师，直达咨询核心。从准备到干预，全程指引，让每一份求助都不被辜负，每一份信任都得到回应！

——心田万亩心理工作室创始人　史宇

书中融合了大量真实案例与对话解析，既展现了咨询技术的精妙，也传递了对人性的深刻洞察。我觉得无论是心理咨询师，还是需要心理咨询服务的来访者，以及关注自我了解和成长的朋友都可以在此书中获益。如果你曾对心理咨询感到好奇或犹豫，这本书会是一把钥匙，帮你打开那扇通往自我觉察的门。

——小懂心理工作室创始人　董如峰

作为一名临床心理咨询师，初读白京翔老师的《心理咨询使用指南：如何获得有效疗愈》，便被字里行间的专业温度深深触动。书中既精准戳破大众对心理咨询的认知误区，又用通俗易懂的笔触，拆解从挑选咨询师到咨询全流程的专业逻辑。无论是行业新人汲取经验，还是普通读者寻求自助指南，都能在其中找到清晰答案。这本书让专业心理关怀真正走进生活，值得每颗渴望被理解的心灵品读。

——廖灿心理工作室创始人　廖灿

心理咨询不仅仅是一门技术，更是一场关于信任、理解和蜕变的深度对话。在这本书中，白老师以温暖而专业的笔触，揭开了心理咨询的神秘面纱——无论是咨询师如何精准共情，还是来访者如何突破心理困境，都能在书中找到答案。

——北京解乾结心理咨询公司创始人　朱亚欣

心理咨询，对于很多人来说，还只是一个字面上熟悉，但实际感受却很陌生的概念。白老师的新书《心理咨询使用指南：如何获得有效疗愈》，宛如一本专为来访者定制的心理咨询之旅的攻略，让来访者在进入咨询之前，就能先约略窥其门径，让来访者在需要的时候，更有勇气，也更有信心打开这扇神秘而陌生的大门，踏上心理疗愈之路。

——资深心理咨询师　孟晓娟

你不需要成为专家，
也可以拥有理解生活的钥匙

　　深夜的台灯下，你是否曾为某个反复出现的情绪困扰，却不知道找谁解决？与人相处时，你是否偶尔觉得自己像在迷雾中摸索，却因为不好意思迟迟不敢推开心理咨询室的大门？我想告诉你：这些"不完美"的瞬间，恰恰是人性最真实的模样——而心理咨询，正是为普通人准备的"心灵翻译器"。

　　作为一名心理咨询师，我见过太多人因"心理学是专家的学问"而对心理咨询望而却步。但事实上，我们每个人都是自己的第一位心理观察者。这本书没有复杂的理论，没有晦涩的术语，只有那些发生在心理咨询室中随处可见的场景：如何跟你的咨询师制订咨询目标、如何寻找适合自己的咨询师、如何做好咨询后的作业、如何快速康复……这些看似寻常的流程背后，都藏着心理学的底层逻辑，不看也许真的不知道。

　　写作本书时，我刻意避开了"权威说教"的姿态。你会读到真实的咨询案例，看到心理咨询师真实的工作状态，了解到自己的哪些表现其实是心灵在发出求救信号；你还会学到简单但有效的工具，将心理学知识转化为日常的觉察与行动。

　　这不是一本教你"如何快速解决问题"的指南，而是一张地图，邀请你在自己的心灵疆域里漫步。当你开始用心理学的视角重新审视生活，那些曾让你焦虑的"为什么"，可能会变成恍然大悟的"原来是这样"。更重要的是，你会逐渐明白：理解自己，比改变自己更接近幸福的本质；适应问题，比消灭问题更适合生命原本的节奏。

　　心理咨询其实并不神秘，你只是缺少一个靠近它的机会。最后，请允许我分享一个秘密：心理学最大的魅力，不在于解释过去，而在于赋予我们重新定义现在的勇气。无论你此刻翻开这本书的动机是什么，都请相信：你已经拥有改变的力量！而这本书，只是帮你把这份力量从沉睡中唤醒，帮你了解心理咨询真正起作用背后的那些科学。

　　现在，让我们启程吧。愿这本书成为你与自己对话的起点，在字里行间遇见那个更从容、更通透的自己。

白京翔

第一章

别迷糊！心理误解大揭秘

我的"心灵 SPA"，怎么有点痛 _ 002

心理咨询是一场没有"进度条"的心灵之旅 _ 008

咨询师听得多说得少，这是不作为还是伪咨询 _ 012

咨询是一场"心灵马拉松"，而非"百米冲刺"_ 017

如何判断你的咨询师是否"德艺双馨"_ 021

为什么心理咨询师不能跟来访者做朋友 _ 026

咨询效果取决于咨询师还是来访者 _ 030

咨询和朋友聊天有什么区别？心理咨询中"说"背后的秘密 _ 035

心理咨询师、心理医生、精神科医生：如何选择最适合你的帮助者 _ 041

第二章

新知！治疗的关键点你储备够了吗

我的低落情绪，都是因为你？解密"情绪传染"的真相 _ 048

身体在"说话"，心理问题会通过身体异样表现出来 _ 052

你是易感人群吗？一张"心理体检单"帮你自查和预防 _ 058

"童年阴影"和"内向性格"真的是制造心理问题的小怪兽吗 _ 062

性格定疗法！颠覆认知的心理诊疗革命 _ 066

心理咨询不再单兵作战，而是三段式阻击 _ 071

咨询效果怎么看？能继续跟随咨询师吗 _ 077

五句话揭示五大疗法精髓，让你成为自己的心理咨询师 _ 082

第三章

别慌！心理咨询前的准备和挑师妙方

"心灵捕手"还是"情绪垃圾桶"？揭秘心理咨询师的真面目 _ 090

心理咨询的神奇与无奈，你知道多少 _ 094

"眼缘"重要吗？选咨询师，靠感觉还是靠科学 _ 099

别急着躺平！心理咨询前，你需要知道的事 _ 103

直击痛点还是温柔陪伴，咨询师的风格你选对了吗 _ 107

生命的拼图一定受童年底色干扰吗 _ 112

选男还是女？咨询师性别是咨询的关键吗 _ 117

如何提出你的心理问题？心理咨询是双人舞 _ 121

团体咨询还是一对一咨询，该"翻谁的牌子" _ 127

第四章

心理咨询全流程解惑：那些让人头疼的问题和关键所在

第一次心理咨询暗藏哪些玄机 _ 134

咨询目标不是铁轨而是指南针，动态可调整 _ 138

从"姓名年龄"到"童年阴影"，非要聊这么多吗 _ 144

守护心灵的"红绿灯"——伦理原则 _ 148

心理咨询的终点，何时该说再见 _ 152

心理咨询结束后，如何让心灵继续"消化"_ 157

咨询师下达命令，来访者照做，就能解决问题吗 _ 160

心理咨询中的"哭泣"，是"好"还是"不好"_ 164

第五章

心理咨询中的那些"事故"其实都不是事儿

换下一任咨询师时，最好先说说上一任的"坏话"_ 170

咨询关系中的"接力赛"：专业转介背后的温度与责任 _ 174

心理咨询有没有最佳的介入时机？写给正在犹豫的你 _ 179

心理咨询中的不如意应该怎么处理 _ 184

好转了还继续咨询，这是健康的依赖吗 _ 189

当我不想咨询时，能咨询吗 _ 195

来访者以还未痊愈为由不结束咨询，是怎么回事 _ 200

为什么改变常常会伴随"反复"，是进步还是无效 _ 205

第六章

特殊情景及特殊人群的心灵守护指南

情感关系危险信号自查：守护爱人的心理防线 _ 212

发现与防范校园欺凌：家长必知指南 _ 216

过劳死的预警曲线与干预时间窗 _ 223

银发自由期：从身份焦虑到自我重构 _ 229

救助者也需要"防毒面具"吗 _ 233

"创伤知情家庭"沟通重构指南 _ 237

后记　与心灵的相遇，是一场温柔的旅程 _ 243

第一章

别迷糊！心理误解
大揭秘

我的"心灵 SPA"，
怎么有点痛

　　带着对心理咨询的美好憧憬进入咨询室，咨询师亲切的话语，理解的回应，让我如沐春风，于是我跟随他渐入深境。可是，在我们熟识之后，咨询师却总是让我回忆不愉快的往事，偶尔还拿话"点"我，甚至还会批评我……咨询不是应该让人舒服吗？怎么刚开始舒服，后面却时不时有"痛感"，这是咨询的必然过程吗？还是咨询师道貌岸然、不称职的表现？

　　没错，从大众的印象来看，心理咨询师和煦的笑容，仿佛能化解一切痛苦；他们的每一句话都似有驱散阴霾的魔力，能让内心瞬间恢复宁静。这种美好的预设，为心理咨询披上了一层梦幻的外衣，可现实并非总是如此。

　　当真正开始咨询，来访者痛苦的情绪时不时被激发出来，甚至会流着泪重现过去的迷茫之境。这不禁让人疑惑，咨询为何与期待中的舒适大相径庭？接下来，我们将深入剖析这一现象背后的真正原因。

"情绪失控"与"内心抉择"导致咨询"翻车"

　　心理咨询的影响会经历情感层面、思想层面，最终达到行为层面。

有个来访者说，每次跟白老师咨询都很舒服，说说笑笑中不经意间就会想哭。我问："你哭得难受吗？"她回应："是的，哭的时候是痛了一下的，但是哭过以后似乎又不觉得有多难受，很微妙的感觉。平时很少能触碰到这个痛点，别人不敢碰，自己更不想碰。但是进了咨询室，不知不觉中触碰到，就控制不住，眼泪倾泻而出……"

◇ 情绪"大爆炸"：封印的情绪如洪水决堤

是的，最浅层的情绪点，往往被深埋心底；以为早已遗忘的经历，往往会在不经意间如火山喷发般汹涌而出。

曾遭受校园欺凌的来访者小郑，在心理咨询时，被引导直面那段黑暗经历，他瞬间被压抑多年的悲伤、愤怒与恐惧淹没。

这表明咨询不仅是在"温柔乡"中舒服地荡漾，还会进行情绪的释放，更是对内心深处创伤的安全触碰。

当然，魔盒并非只有一种，还有另一种可能……

◇ 内心"拉扯大战"：梦想与现实的抉择

心理咨询还会将内心深处的矛盾冲突暴露在阳光下。

大学毕业的小张，站在人生的十字路口，一边是对留在一线城市拼搏的向往，一边是满足父母期望回家过上安定生活的孝心。在咨询室里，两种选择的利弊清晰呈现，内心的激烈拉扯让他痛苦不堪。这不仅是个人选择的困境，更是理想与现实、自我需求与社会期待之间的碰撞。

这些情绪爆发和内心冲突，构成了咨询过程中痛苦的直观表现。而这些痛苦背后，有着深层次的原因。心理咨询师并不会为了帮你避开痛苦的抉择，而替你选择或者给你提供心理学之外的"资源"。

矛盾冲突的呈现，是一种"暴露"，将长期被掩盖或者故意隐藏的问题提前"引爆"，为的是减少来访者的犹豫和拖沓，避免把问题拖到不可收拾。小问题往往更好解决，越是勇于直视小问题，就越有机会避免更大的伤害。

追寻痛苦根源，指引治疗方向

痛苦是治疗的附属品，不能因为避痛就讳疾忌医。**痛，其实可以帮我们明确病因，引导治疗。追到根源，就可实现治愈……**

◇ 揭开童年阴影的伤疤

从神经科学角度来看，童年时期的创伤会在大脑中留下深刻的印记。父母的忽视、同伴的排挤，这些创伤经历如同隐藏在潜意识深处的暗礁，在心理咨询中回溯童年记忆时，可能会再次浮现。来访者在心理咨询中回忆起童年被父母忽视的经历时，痛苦会瞬间涌上心头，这表明童年创伤是咨询痛苦的重要源头。

而咨询中的痛苦，恰是深入了解自己的绝佳机会。通过面对和处理这些痛苦情绪，我们能挖掘潜意识深处的真实需求和情感。经历童年创伤的来访者，在咨询后理解了自己在人际交往中缺乏安全感的根源，实现了自我认知的突破。这种自我认知的升级，是从混沌到清晰的蜕变，如同在黑暗中找到了心灵的导航。

◇ "认知枷锁"难脱，被禁锢却不自知

我们的认知模式深受成长环境和过往经历的影响，形成了一种惯性思维。这种惯性思维如同枷锁，限制了我们对世界和自我的认知。

职场中的小周，在创意被剽窃、遭领导误解后，选择压抑愤怒，这背后是长期形成的"保住工作比表达情绪更重要"的认知模式。在咨询中，这种不合理认知被打破，小周立刻感觉到恐惧、不确定、慌乱……因为在他的原有认知中，表达和领导不同的想法，就是"顶撞"，这是一种忤逆行为。

每一次成功克服咨询中的痛苦，都是对心理韧性的锤炼。心理韧性并非天生，而是在经历挫折和痛苦后逐渐培养起来的。

曾经遭受重创的小周，通过咨询勇敢面对内心痛苦，再次面对他人对己不公时，敢于发声，勇于说不，已能更从容地接受自己的转变。痛苦让他的心理韧性得到提升，实现了从"玻璃心"到"钢铁侠"的转变。

◇ 改变"行为惯性"，不是"痛"是"难"

习惯的形成是一个长期的过程，改变习惯同样困难重重。

来访者小吴是名学生，深受拖延症困扰，在咨询中他虽

认识到拖延的危害并决心改变，但每次面对作业时，内心的惰性和对改变的恐惧仍会将他拉回舒适区。

这种行为模式的改变，不仅是行为的调整，更是心理层面的挑战。

找到了拖延的原因，设计治疗就有了思路：帮助小吴不断适应小的困难点，坚持打卡、记录，安排奖励机制，让小吴从逃避到适应，最终实现积极面对。

既然痛苦能带来成长，那么在咨询过程中，当痛苦来临时，我们该如何应对呢？

关注感受，沟通是王道

不经历安全痛苦的咨询，不是好咨询。而咨询中的痛苦若难以承受，及时向咨询师倾诉感受至关重要。咨询师就像黑暗中的引路人，将根据你的反馈调整咨询节奏和方式，确保你能在舒适、安全的氛围中探索内心世界。这种沟通不仅是情绪的宣泄，更是建立良好咨询关系的基础。

在咨询中，要信任咨询师的引导。对那些拥有丰富经验和专业知识的咨询师来说，你的反馈十分重要。他们如同拥有神奇魔法的医者，能帮你找到内心症结并引导你走出困境。对咨询师的信任，能让你更好地借助他们的专业力量，实现自我成长。

不过，信任不等于盲从。痛苦是否"安全"，其实很好辨识，"安全痛苦"通常是对成长有意义的。**何为"安全"？就是**

痛苦"持续时间短、程度低、重复频率低、容易被替代"。

比如，咨询中为了重现问题，必然要触碰伤口，但是咨询师不会让来访者长时间停留在伤口处，仅是达到释放情绪、分析原因的目的后就会立刻转出，不再触碰。咨询师运用"动态识别"的方法，可以随时判断来访者的可承受能力。那些有多年咨询经验的咨询师，都已经是"驱魔王者"了，这些尽可以交给他们。

拥抱痛苦，遇见新生

心理咨询过程中的"疼痛"，虽让人意外和不适，却是心理咨询不可或缺的一部分。它是内心深处问题的真实显现，也是实现自我成长与改变的宝贵契机。当你勇敢走进心理咨询室，做好面对痛苦的准备，同时坚定相信，在咨询师的专业帮助下，凭借自己的努力，一定能穿越这片"黑暗森林"，迎来内心的光明与成长，那么你就有机会重获新生。

不要因害怕痛苦而退缩，勇敢迈出这一步，你会发现，痛苦的尽头是一个更加完整、美好的自己，一个充满力量、能勇敢面对生活挑战的自己。让我们一起，在这场心灵的探索之旅中，遇见更好的自己。

心理咨询是一场没有"进度条"的心灵之旅

心理咨询虽然是国家认可的一种付费服务，但是心理咨询师的收费标准目前并不是由国家统一规定的。有人戏称，咨询费的设置有一种"愿者上钩"的感觉，各个机构收费标准不同，如果来访者觉得有效，就更可能接受高价。

不过，怎么评估这个"有效"，说起来就有些复杂了。

心理咨询的改变往往做不到立竿见影，有的改变是在未来的某一天才会突然显现，所以刚刚咨询完，从表面上看，可能看不出明显的变化。由于做不到精准控制，所以付费多少和效果之间无法进行精准关联。

其实，世界上与生命相关的项目，如看病，付费并不意味着有确定的效果，心理咨询亦是如此。在心理咨询过程中，即便心理咨询师尽心尽责，但由于来访者的个体差异，咨询效果会截然不同，这很正常。但是，如果进行了一段时间的咨询，发现效果和预期相差太大，我们是可以单方面要求停止的。

个体差异，一人一方

我们知道，人的心理高度复杂，而且存在较大个体差异，不同来访者的心理问题成因、表现形式和严重程度都各不相同。即使是心理问题相同的来访者，他们的发病也可能是遗传因素、生活事件、人格特质、家庭环境等多种不同因素交织的结果。这种个体差异使得心理咨询师难以制订出统一的、标准化且能精准控制疗效的治疗方案。以我的个人经验看，即便是同样的诊断，也要一人一方，结合来访者的性格和接受度量身定制。

所以，每当来访者问我"需要几次才能彻底治愈？"，我给出的都是个大概时间段。这还是基于我多年的案例经验评估出的近似时间段，已实属不易。若是没有过往案例的初级咨询师，就无法给出具体的时间。就算是同样的治疗手段，不同人也会有不同反应，甚至无效也并不奇怪。

这是因为咨询有效需要许多因素共同作用，但只要有一个因素干扰，咨询就很可能无效。所以，咨询师通常很难精准预估咨询究竟何时能够起效。但是，你也不用担心，心理咨询的疗效不是突然出现的。要想评估有效与否，可以分解"效果指标"，只要每次都在进步，显现出不断接近最终结果的趋势，那就说明方向是对的，我们要做的就是继续坚持。

珍珍是个怕黑的女孩，不敢一个人睡，必须开灯，不敢晚上出门，必须有人陪伴。我们通过一些行为训练，帮助她逐步适应黑暗。在一段时间的介入下，她已经可以接受开很暗的小夜灯睡觉和打手电走夜路，这比过去强了很多，因此离最终目标的实现，只是时间的问题了。

良好的咨访关系是微妙而关键的纽带

都说关系大于一切，在心理咨询过程中，咨访关系的质量是影响疗效的关键因素。良好的咨访关系能够让来访者感到被理解、被接纳和被尊重，从而更愿意表露自己，积极参与咨询。

然而，建立和维护良好的咨访关系并非那么简单，它受到咨询师和来访者双方的性格、沟通方式、价值观等多种因素的影响。如果咨访关系不融洽，来访者可能会对咨询师产生抵触情绪，不愿意配合，这无疑会极大地影响咨询效果。

咨询起效的前提是来访者接受咨询，愿意咨询，不怕失败，敢于尝试。良好的咨访关系在咨询中起着核心作用。否则再好的方案，来访者若不执行、抵触、不配合，也没有意义。而我接触过的一些关系特别良好的来访者，还能超越我的治疗建议，主动去完成更多的尝试，越咨询劲头越足，进步自然就是神速。

来访者对心理咨询的理解力是重要影响因素

我一直有个观点，来访者一定要努力成为一个"好来访者"，就跟去看生理疾病的人一样，要学习自己的病如何产生、如何治愈，以及如何防止复发等相关知识，这样才能配合医生，取得更好的疗效，而不能只是被动地接受却不思考。

来访者的期望对咨询效果有着重要影响。在咨询中，心理咨询师会告知来访者调整期望，心态放平和。如果来访者对心理咨询抱有过高或不切实际的期望，那么当在咨询过程中未能达到预期时，就容易产生失望情绪，进而影响他们继续参与咨询的积极性。

此外，来访者改变的动机强度也会影响咨询效果。那些主动寻求帮助、渴望改变的来访者往往更容易在咨询中取得较好的效果；而那些被他人强迫来咨询，自身缺乏改变意愿的来访者，咨询的进展通常会比较缓慢，效果也难以保证。

一个优秀的来访者能够按照规定的时间咨询，不随意拖延或取消；能在咨询期间注意观察和及时反馈；能在有任何问题时，第一时间跟咨询师沟通，不自作主张或者放弃治疗；等等。每一次成功的疗愈，都会培养出一个优秀的来访者。他们懂得如何配合咨询，如何运用科学的方法让自己好得更快。

稳定良好的环境是效果的保障

咨询的效果最终还是要回到生活环境去检验，去经历那些"糟心"的事，看看有没有新的对策，是否能够避免像之前一样痛苦。但是如果来访者在咨询期间遭遇工作变动、家庭变故、经济困难等生活事件，这些外界因素会带给他新的压力和困扰，从而影响他在咨询中的进步。即使在咨询过程中来访者的心理问题有所改善，但如果生活环境出现坏的变故，问题也可能会再次出现，使咨询效果难以维持。

除了周边的物理环境外，人文环境其实也很重要。

比如孩子的学习问题已经有所改善，但父母依然用过去不健康的方式打骂孩子，孩子刚刚升腾起来的信心会瞬间消散。已经有了初步改观的夫妻关系，因婆婆搬过来住，偏袒儿子，夫妻感情又回到了"冰川时代"。

所以，不管是物理环境的变故，还是人文环境的残酷，都会破坏、妨碍咨询目标的最终达成。

心理咨询就是一场没办法提前精准计划布局的艰难旅行。但即便疗效难以精控是由多种因素共同造成的，我们也不用过于担心，只需要发现问题并及时跟咨询师商量沟通，就可以化解。只要咨询师和来访者共同努力，充分发挥各自的作用，咨询的效果一定不会差的。

咨询师听得多说得少，这是不作为还是伪咨询

我们带着自己的困惑走进咨询室，都希望见到一个智者，能够给我们深刻见解，给我们指明方向。至少他也得是一名高人，能够给我们具体的建议，来解决我们最大的难题。可是在实际的咨询中，你会发现咨询师的话通常都特别少，一直在听你说，只会不住地点头。咨询时间都到了，咨询师似乎也没有给出太多的回应。这种咨询体验或许让你感到更加困惑，甚至

怀疑：我花了那么多钱，难道只是为了找一个人听我说话吗？

作为一名心理咨询师，我当然完全能够理解你的这种感受。而你的感受也是众多初次接触心理咨询的来访者的共同感受。接下来，我就跟你聊一聊这种沉默的倾听背后，究竟隐藏着什么样的秘密力量。

咨询师的倾听是主动而非被动的

许多人在咨询中都会有一个误解：希望咨询师快速给他一些建议。但其实心理咨询的本质并不是单方面地指导你，而是通过专业的关系帮助你更好、更清晰地看清楚自己。我时常在向我的咨询师学员讲解倾听的时候说，咨询师表面上在镇定微笑，但是大脑在高速运转，在快速思考。那么，咨询师在倾听时主要在想什么呢？

观察语言模式：哪些话题让来访者反复循环？哪些词语背后隐藏着未觉察的情绪？比如，来访者经常会把一个困扰他的事情翻来覆去地讲两遍以上，他自己却不自知；他还会在讲述时无意识地略过重点，或者不断放大一个并不需要强调的细节。这里面都隐藏着情绪回避或者是夸大的焦虑。

捕捉非言语信息：来访者说话时的非言语表现，比如，身体紧绷、攥紧拳头、语速加快、音调提升。这些都是在无声地给咨询师传递语言之外的信息。

构建理解的地图：来访者的故事看起来支离破碎，甚至很凌乱，但只要用心去听，就会发现里面有着主线。有时虽然讲述的事件不同，但情绪似乎是统一的，所表达的意思也是雷同的。

这些专业的思考就像一个医生在用他的听诊器去捕捉心跳的节奏，看似安静的倾听，背后却是对内心世界的深度探索。咨询师表面上风平浪静，但实际上大脑里面已经是波涛汹涌。

被倾听本身就是疗愈

神经科学研究发现，当一个人被深度共情和倾听的时候，大脑中负责情绪调节的前额叶皮层就会被激活，而掌管恐惧的杏仁核活动则会降低。这种安全的体验本身，就是在治愈自己。然而生活中的交流是无法达到这个高度的，比如：

——朋友会一边刷着手机一边回应你：嗯嗯，是的，你说得对……

——家人着急打断你，说自己的观点：我早就告诉过你该这样做。

——同事会把话题迅速转移到自己的观点上：是的，这个挺好的，我想跟你说说我的看法。

而在心理咨询室里面，你会获得一种全然被听见的感觉。这里没有批评，你可以把内心深处的小秘密都告诉咨询师；这里没有打断，即便你的话混乱、缺乏逻辑，也会得到尊重；这里没有建议，因为咨询师更想让你觉察到自己，而不是他人的部分。**少说话是为了避免剥夺你的成长机会，避免你依赖和掩盖真正的问题。**

心理咨询不等于付费聊天，专业倾听不可替代

你可能会说，既然就是听，那我找别人听也可以，一般人和咨询师的听又有什么本质的区别呢？事实上，倾听是专业咨询的一部分，而倾听后并不是直接给出建议或者不做任何反应，咨询中的倾听和普通交流中的倾听主要有两点不同。

目标不同：朋友聊天重在感情上的支持，而咨询师的目标是要促成来访者的认知改变或者是行为模式的变化。

咨询中的倾听不介入个人信息：咨询师会通过提问、澄清、面质等技术，引导来访者突破自我防御的盲区；咨询师是纯粹以来访者为中心的，不会介入个人的需求或价值观。

就好像真正的老师不会急于帮助学生改错，而是会陪着他在错误当中认识自己，学习面对挫折。心理咨询师也是这样陪伴来访者的。

如何更好地利用咨询中的倾听时刻？

如果你在咨询中依然对咨询师的倾听有所怀疑。你可以做以下尝试：

直接表达自己的感受。你可以直接说："我现在有些不理解您在我刚才说话时一直保持沉默，这是代表什么呢？"让咨询师非常明确地解释他沉默的意义，也许会打消你心中的不好念头。

关注身体反应。当你在说出某句话的时候，感觉到身体

发紧、喉咙发堵、心跳加快，这些都是非常重要的线索，可以告诉你的咨询师。

记录咨询以后的微小变化。有的时候，咨询当天是没有产生变化的，但是咨询过后两三天也许会突然有一个新的领悟，你不妨把它记录下来。咨询效果是螺旋上升的，在开始的几次咨询中要建立信任、收集信息。随着咨询的推进，咨询双方会逐渐有更多的互动，所以千万不要着急。

你的声音本就值得被认真对待。当你觉得咨询师没说什么的时候，其实你正在经历咨询中最珍贵的部分，在一个绝对安全的空间里，认真地去听自己内心真实的声音。那些在日常生活中被各种生活噪声掩盖了的细微信号，那些被你用理性压抑的情绪，正在咨询过程中慢慢苏醒。

注意改变的信号

也许是你第一次说出"其实我很害怕"时，发现自己并没有遭到否定。

也许是当你重复某个痛苦的故事时，突然意识到其中隐藏着对自我的攻击。

甚至可能是在某个沉默的时刻，你突然触摸到了内心深处那个被忽视的自我。

多给自己一点时间去静静倾听自己的声音，你会很快发现自己的心绪不那么凌乱了，自己有信心去解决接下来的问题了。倾听就是这么神奇，不要小看它。

咨询是一场"心灵马拉松"，
而非"百米冲刺"

　　总会有些来访者，希望咨询师通过一次咨询就治愈他，用一句话就能点醒"病中人"。但这并不科学。问题是日积月累而成的，解决起来也同样需要时间。就像人不会突然变得有心理问题，也同样不可能一下子就解决了问题。

　　人的心理问题只是看不见，但并不等于不存在。治疗心理问题如同医治身体疾病，需要诊断、开药、治疗、复诊等相关步骤。每个环节缺一不可，也需要由表及里，逐步深入；既要能抵达病灶，也不能贪快导致不适和抗拒。

咨询的第二次才是正式开始

　　来访者明晓军（化名）因为焦虑情绪来寻求咨询，表面上看，可能是因为近期工作任务堆积如山、儿子高考成绩不佳等现实因素引发了焦虑。但深入挖掘就会发现，他从小就被父母严格要求，长期处于高压环境，在心底种下了对失败极度恐惧的种子。这种潜意识在面对类似的压力情境时，就会像被点燃的火药桶一样，瞬间被激活，引发强烈的焦虑情绪。

　　在第一次心理咨询中，咨询师的了解与干预只能停留在较浅层面，难以真正深入挖掘潜藏在内心深处的复杂心理成因。咨询的一般方式是标本兼治，先缓解情绪，处理表面的不适感，然后再根据问题成因，进行核心干预，以绝后患。所以，首次咨询，通常在表不在里，确实会让来访者感觉舒服一些，但是由于未触及深层，效果持续时间短，而且很容易复发。

而表层就是情绪层面。不少人会误以为，心理咨询不过就是说几句安慰的话，根本起不到本质作用。这种误解，大多是没有进入二次或多次咨询的来访者产生的。真正的咨询效果，通常来自复诊，即第二次及以后的咨询。

想走到心灵深处，首先进行信任搭建

心理咨询的核心是建立一种来访者与咨询师之间的信任关系。当来访者初次踏入咨询室，面对一个陌生的咨询师时，他的内心往往充满了警惕与不安，很难在第一次咨询时就将内心深处的痛苦、秘密和困惑毫无保留地倾诉出来。

信任的建立是一个缓慢而微妙的过程，咨询师需要凭借深厚的专业素养、充满共情的温暖倾听以及精准恰当的回应，让来访者在一次次的交流中，逐渐感受到被理解、被接纳。

每一次咨询都是信任积累的宝贵契机，有了第二次咨询，咨询师才有更多机会了解来访者。而随着咨询次数的增加，来访者对咨询师的信任如同滚雪球般不断加深，也才更愿意打开心扉，袒露那些不为人知的情感与经历。只有在充分信任彼此的良好氛围下，咨询师才能全面且深入地了解来访者的情况，从而为其提供精准有效的帮助。

咨询犹如剥洋葱，打开一层，发现还有一层

心理问题的形成绝非单一因素导致，而是多种因素相互交织、共同作用的结果。在首次咨询时，来访者通常只能描述当下最困扰自己的问题，但随着咨询的逐步深入，他就会发现，自己的某个问题背后还隐藏着许多错综复杂的关联问题。

比如，一位因婚姻破裂而陷入抑郁的来访者，最初可能只是倾诉婚姻中的频繁争吵和激烈冲突。然而在后续的咨询过程中，就会逐渐发现，原生家庭中父母的相处模式，早已在其内心深处刻下了深深的烙印，对其婚姻关系产生了深远影响。同时，其自身的性格特点、人际交往方式等因素，也在这场婚姻危机中扮演了关键角色。多次系统干预就像是一个抽丝剥茧的解谜过程，每一次咨询都如同解开了一个谜题，让问题的全貌逐渐清晰地展现在眼前，使咨询师找到更具针对性的解决策略。

咨询不仅是解决问题，更重要的是习惯重塑

心理问题往往与一些不良的思维定式和行为习惯如影随形。而要改变这些习惯，绝不是短时间内就能完成的。

以社交恐惧症患者为例。他们在社交场合中，总是不自觉地过度关注自己的一举一动，时刻担心自己的表现会被他人负面评价，进而选择逃避社交。在心理咨询过程中，咨询师会帮助来访者认识到这种思维和行为模式的不合理之处，但真正

的改变需要来访者在日常生活中不断地实践和尝试进行社交。每一次咨询，咨询师都会根据来访者的实际进展，量身定制个性化的方法和建议，助力他们一步步克服内心的恐惧，逐渐建立起全新的、健康的思维与行为习惯。这个过程需要充足的时间和极大的耐心，离不开多次咨询的持续支持与引导。

我们通常认为，意识到错误就能提高，其实这个结论并不完全正确。"发现错误"只是看到问题，不等于解决问题。而解决问题，需要重新形成更合适的思维模式和行为方式，确保自己不会重蹈覆辙。这个过程当然需要时间，这就是我们所说的"习惯重塑"。

巩固成效阶段也是修修补补的时间

心理咨询的效果并非一蹴而就，即便养成了"新习惯模式"，也需要持续巩固。这就好比锻炼身体，一次高强度的运动并不能让我们拥有持久健康的体魄，只有通过长期坚持不懈的锻炼，才能保持良好的身体状态。

刚养成的新习惯，总是脆弱的。它会时不时失效，又会时不时和预想有偏差，这都正常。就像我们学开车，即便熟悉了开车的各种规范动作，但是由于不熟练，见过的大场面有限，依然还会时不时出现小剐蹭。这不能说你不会开，只是还无法得心应手地驾驶罢了。

所以，当来访者在咨询过程中取得一定的改善后，仍可能因为生活中突然出现新压力、旧问题反复等因素，再次陷入心理困境。通过多次系统干预，咨询师能够帮助来访者巩固已取得的成果，传授他们应对各种心理问题的实用方法与技巧，使他们在未来的生活中，无论遇到何种挑战，都能从容应对，构建起一道坚不可摧的心理防线。

心理咨询无法一次完成，需要分多次系统进行，这是由心理问题的复杂性、心理咨询的专业性以及来访者自身成长的规律所决定的。只有通过多次深入的交流与探索，才能真正触及问题的核心，帮助来访者实现心灵的成长与蜕变，迈向更加健康、幸福的生活。我们应当正确认识心理咨询的过程，给予自己和咨询师充足的时间与信任，共同开启这场心灵的治愈之旅。

如何判断你的咨询师
是否"德艺双馨"

心理咨询行业里技术水平很高的咨询师不少，但有的只可"远观"，很难和他进行沟通；而有的咨询师为人亲和，但是明显感觉到咨询能力很差，感觉咨询就好像聊天，没有什么"含金量"。如何判断一个咨询师是否"德艺双馨"，有德又有才呢？以下我就给大家一些清单和观察方式，便于你识别和评判。

技术能够灵活应用

◇ 诊断评估能力

优秀的咨询师在首次咨询时，能够非常清晰地判断并且解释来访者的心理问题。专业能力的高低不取决于他运用术语的多少，而是看他是否能把复杂的术语解释成来访者能够听懂的话。水平越高，语言越平实、接地气。

◇ 干预策略

心理咨询的疗法众多，但是适合来访者的是有限的，所以干预策略的灵活性，考验的是咨询师能不能基于来访者的个性以及问题的具体情况选择适合他的干预方式。比如来访者文化水平不高，又急于要看到效果，咨询师却选择用长程精神分析进行分析，难度就会很大。此时可能认知行为疗法更加适用，能够直接在操作中见证效果。

◇ 文化敏锐度

来自不同地区、民族甚至国家的人有他自己的风俗习惯，优秀的咨询师能理解这些文化对心理困扰的影响。比如，在相对传统的地区，对于彩礼多少以及分配的争议会成为婚姻中的重大问题，但对于开放的地区影响就会较小。

◇ 共情能力

来访者在咨询中，能感觉到有表达情绪的欲望，优秀的咨询师不会让你产生紧张的心理，你完全可以放松地去宣泄情感。当情绪表达出来的时候，咨询师不会用各种方式妨碍你的表达。相反，他还会陪着你，等你把情绪宣泄完，然后继续再跟进。

◇ 回应方式

咨询师很少甚至完全不会用批评的口吻与你沟通，更不会强势地要求你必须怎么样去做。在咨询师的表达里不会出现"必须、应该"。这说明咨询师的开放度足够，又对你表达了尊重和理解。

◇ 节奏把控

虽然每个来访者的节奏是不一样的，但是在良好的咨访关系中，你能很清晰地感觉到咨询师的节奏和你始终能够保持一致。等你有特殊的要求或者是有情绪波动的时候，你能感觉到你的状态并不会打乱咨询师的计划。

咨询师会先跟随来访者的节奏，让自己去协调同步来访者。但是，咨询师依然不会忘记自己的重要工作，该问的、该说的一个都不会少。所以，来访者会有一种感觉，就是似乎可以跟咨询师像老朋友一样同频讨论，没有那种在磨合期磕磕绊绊的感觉。

◇ 觉察力

优秀的咨询师会随时体会与来访者之间的关系，并经常停下来询问你的感受，希望你用"我觉得……"来评价你们之前的沟通。因为两人永远是两个不同的个体，所以只有随时调整和适应对方才能够和谐共处。而想要达到这个目标，需要做的是觉察，通过暂停，邀请对方真诚表达，来纠偏并发现两人之间的理解差异。

◇ 承认局限

再优秀的咨询师也有他的短板。当咨询过程当中触及短板时，优秀咨询师会坦诚地表达这个问题：我需要回去做做功课，下一次我再告诉你。

◇ 观察方式

一个优秀的心理咨询师在沟通时不会让你觉得他在给你上课，尤其是术语的使用程度是偏低的。你能很深切地感觉到他跟你的沟通是一气呵成的，没有明显的阶段跳跃感。比如咨询开始就是问诊，然后诊断、分析、干预。优秀的咨询师能推动这几个步骤连贯进行，给你的感觉就是：是你需要咨询师陪着你走，而不是咨询师在推着你走。

咨询设置既精准又有人情味

◇ 时间管理

优秀的咨询师一定会提前做好咨询的准备，不会迟到，也不会提前结束，更不会故意延长咨询。但是你会感觉到你的咨询是自然完结的，不会有一种时间到了就被无情切断的撕裂感。

◇ 界限清晰

优秀的咨询师不会在咨询室之外主动跟你建立私人关系，不会对你的个人生活充满好奇心。因为他很清楚，如何做才是对你最好的。

◇ 保持中立

优秀的咨询师的大多数表达会使你感觉到，他仅仅是以一种第一人称的方式去试探，但并不会左右你的最终决定，更不会强加给你他自己认为正确的价值观。你在他面前怎么表达都可以，他不会批评你，所以你也就不用顾忌太多。

◇ 个人暴露

咨询师的个人暴露实际上是一种咨询技术，但是大量的反复表达会有一种炫耀或者是强加的感觉。通常优秀的咨询师会点到为止，把更多的关注点放在你身上。

◇ 核心明确

优秀的咨询师在咨询室内的时候非常专业，咨询结束以后不会受到咨询过程的干扰，并且有特殊情况时也可以随时应对。如果需要，他可以随时配合你的要求。他不会对来访者有道德评判，更不会在咨询的大多数时间都在表现自己。

咨询流程清晰可检测

◇ 首次访谈的流程内容

咨询师是否详细介绍了咨询的设置和流程？是否跟你确定了咨询的目标，并且协同调整过你的期待？是否考虑到了你的成长经历和文化的特殊性？是否让你感觉到了被倾听、被尊重、不受评判？

◇ 咨询过程中的评估

每次咨询是否都有明确的目标以及问题收获？咨询目标的确定是否是跟你协商定下的？咨询目标是否定期回顾并且随时做调整？咨询师的言语中是不是更多表达的是鼓励和支持？每次咨询后，来访者会有情绪上的改变；经过 3~6 次咨询，来访者会看见较大的变化。

为什么心理咨询师不能
跟来访者做朋友

心理咨询中的咨访关系是一种职业关系，这意味着这种特殊的关系中，有明确的边界。这种边界并不是冷漠的，而是在保护双方，尤其是保护来访者的利益。但是至今依然还有很多不明其由的来访者，希望跟自己的咨询师建立超越咨询的其他关系，比如朋友或者恋人关系。每年都会有因为跨越了这种工作关系导致咨询失败，甚至心理咨询师职业生涯结束的悲剧发生。

角色混淆，专业能力消亡

心理咨询是一种特殊的 1 对 1 交流模式，每次都会经历45~60 分钟非常私密的深度交流。尤其来访者还会暴露自己内心最深层的隐私，得到来自陌生人的安慰理解、深度共情。此时来访者的大脑会自动释放催产素，这种"亲密激素"的分泌很容易引发情感错位。

正是因为有明确的边界，才确保双方对彼此保持尊重，保证心理咨询师能对来访者的问题进行客观公正、准确的判断和治疗。设想一下，如果来访者和咨询师的关系突破了这一层，那么很容易由于咨询师对来访者的感情偏向，导致咨询师在关系当中对来访者产生带有个人感情的判断。

美国心理学会有一项跟踪调查显示，突破专业界限的咨询师中，有 68% 在三年内会遭遇职业危机，甚至导致咨询师丧失客观判断能力，陷入情感透支以及职业枯竭的恶性循环。

刻板印象导致在形成朋友关系后，双方均会不满

由于工作的需要，咨询师在有限的时间和固定空间内对来访者进行深度共情、情感支持。但如果双方建立起朋友或恋人关系，这种刻板印象将会延续到日常的交往当中，一旦来访者得不到来自咨询师的共情，他就会表现出恐慌、被抛弃的愤怒等情绪。

咨询关系是阶段性的、有时限性的关系，而朋友或恋人关系持续得相对持久。幻想在日常每时每刻都能得到来自另一个人的共情，这是不可能的，咨询师无法实现这种幻想，就会产生一连串的蝴蝶效应。

最糟糕的是，某些有重度心理问题的来访者在还没有完全治疗成功的时候，就跟他的心理咨询师产生了恋人式的关系。那么，由于无法时时刻刻得到共情和特别照顾，他的重度心理问题不仅无法进一步康复，反而会复发或者是更加严重。

所以这种夹杂着个人感情色彩的关系，不管是在工作当中还是在私下，都将破坏关系的平衡。当咨询师与来访者以一种朋友的关系交往时，会导致咨询师功能滥用，咨询师更容易直接用个人的价值观来影响来访者。而来访者也会由于关系紧密以后，行为更随性，将其忠告置若罔闻，导致咨询效果极差。

职业关系究竟有什么用呢？

保证了客观中立。在这种工作关系下，双方都会更尊重对方，保持一种紧张感。在咨询过程当中，咨询师更容易清晰直观、准确地判断，理性地分析问题，从而更全面地制订有效的解决方案。

促进来访者个人成长。如果咨询师和来访者的关系过于紧密，来访者很容易产生依赖心理，当他达不到咨询效果时，更容易选择放弃，或者选择埋怨，或者想依赖咨询师。从这个角度来看，最终来访者的成长就会减慢、停滞甚至倒退。没有了克服困难的信心和勇气，那他的问题将永远无法解决。

通常有哪些行为可以防止来访者和咨询师过度亲密？

在固定的场地进行线下咨询，线上咨询也要在固定的时间进行。日常减少甚至不做过多的交流，只和咨询师进行简单的预约沟通。平常也不应介入对方的个人生活。即便是有更多人在场的公共活动，也不应一起参加。

为了让感情保持距离，应该从物理上保持边界。人的关系在高频度长期保持接触时会自动升温，而咨询的节奏恰好可以让咨询室内的升温有一个冷处理的间歇。所以咨询不能过于频繁，每次咨询的时间不宜过长，以避免两个人独处时间过久，自动产生情感升级。

作为咨询师，保持边界感，可以提高专业敏感度，不破坏职业生涯；从来访者视角来说，**真正的保持距离其实就是最好的治疗**。试图拉近和打破这个关系，其实对于咨访双方来说都将导致咨询的失败。

咨询效果取决于咨询师还是来访者

咨询效果取决于咨询师还是来访者？这个问题也是一个很常见的问题。答案其实是很显然的，它既不完全取决于咨询师，也不绝对由来访者来决定。因为咨询的过程是双方协作共同完成的。但是总有一些来访者认为，咨询应该是治疗自己，就像是在医院手术台上，全权交给医生便是了，自己什么也做不了。

当然咨询成功与否在很大程度上取决于咨询师的引导，但是来访者是否发力、如何发力，才是决定咨询效果的核心所在。所以我们不必去考究这个问题的绝对答案，而是要看在咨询的过程中咨询师和来访者应该如何各司其职，才能让效果变得更明显。

咨询师的专业工作是提供工具和地图

◇ 工具提供者

大多数来访者是因为对自身问题的认知不清晰，才产生了情绪混乱。他们的迷茫，就如同在森林里面被复杂的场景干扰视听而迷路了。比如来访者经常会问：是接着维系这段感情，还是放弃？是继续念研究生，还是选择工作？当然，咨询师不会直接告诉他答案，而是用分析方法帮他明白两者对自己的重要性，推动来访者做选择。

◇ 模式解读者

咨询师能看透表面现象，引领来访者思考行为背后的真谛。比如来访者的困惑是："为什么我总是会爱上赌博的人？"咨询师会通过提问帮他看到这种模式的背后隐藏的含义。比如可能是他有一种救赎的偏好，而这种偏好，往往和他幼年的成长经历有关。

◇ 安全的容器

治愈的前提是暴露。那些羞于启齿的秘密，只有呈现出来才能更快疗愈。暴露依赖于稳定安全的关系，在咨询中，咨询师通过共情承载来访者的脆弱，他不会批评，更不会指责和否定来访者。

咨询师通常会运用引导、启发的方式让来访者看到自己的处境，看到解决问题的多种可能方案。咨询师不会直接去"解救"来访者，替代他去面对原本他的困难。

来访者的主动性是决定改变深度和速度的关键

心理咨询并不是来访者被动地接受治疗的过程，而是来访者主动参与改变的成长训练。来访者投入的多少将直接影响效果。

◇ 检验咨询成果

咨询师通过留咨询作业的方式，帮助来访者体验和操练新技能，促成转化。积极完成作业的来访者通常会很快体验到一些改变。心理咨询的结果一定是可应用的，所以在咨询室获得的体验要能迅速转化成可以被复制的体验。比如今天在咨询中成功缓解了来访者的情绪，咨询师可能会刻意让来访者想象曾经让他痛苦的事情，并且在内心数 3~5 秒，去体会自己的情绪和之前有什么不同。

◇ 敢于暴露脆弱

"这是我第 4 次讲述我的幼年家庭，却是第 1 次讲到被性侵的情节。因为我一直在犹豫，要不要说这个部分。"

当来访者真正直面自己内心深处最脆弱的部分时，就意味着咨询的效果即将展现。

1. 在生活场景中实践

通过咨询作业去练习思维方式和具体动作，进而真正应用到生活当中，哪怕做出一点跟过去不一样的，都意味着突破的开始。

来访者把心理咨询当成被动解决问题的方式，还是作为自我探索的工具，其结果是截然不同的。被动解决问题，容易反复和表面化，很难推广，下次有问题还需要找咨询师。

2. 在关系当中不经意呈现出来

你与咨询师的关系可能复制了你的核心行为模式：

如果你喜欢讨好人，你也会不经意地去迎合你的心理咨询师。如果你害怕被控制，你可能会下意识地抵触咨询师的建议。

这些日常的行为模式在咨询当中会很容易浮现出来，借着疗愈的契机，咨询师会让你看见。比如当咨询师怼了你一句，你立刻回以颜色，这恰恰是你在生活中缺乏安全感的表现。

3. 咨询师会为你示范健康的关系样板

当你愤怒时，咨询师不会反击也不会退缩，而是会与你探讨愤怒背后的需求。当你试图依赖咨询师时，咨询师会温和地提醒你："与其让我替你做决定，倒不如先试一下自己去决定。"

心理咨询最大的工具就是关系。可以安全体验你和咨询师之间的关系，才是真正影响到你的核心。这相当于给你提供了一个样板，你同时又在样板当中获得一次真正的体验。这种身临其境的感受很难在其他的模式当中体验到，如果我们觉得特别有效和舒适，就肯定想去运用到更多的生活场景中。

怎么才能做一个更好的来访者?

◇ 保持适度的开放

你可能还有点害羞或没有准备好，无法把内心的秘密和盘托出，但你至少可以告诉咨询师一件你从未告诉过他人的小秘密，看看你的咨询师是什么样的反应。如果你的咨询师提到了让你感到不舒服的内容，你可以明确告诉他：我觉得这个问题我还没有完全准备好去面对，我们可以慢一点吗?

◇ 随时告知咨询师你的期待

在咨询过程中，你可以建议咨询师往哪个方向走，也可以在咨询后告诉咨询师你在本次咨询中的收获，以及感觉不足的地方。当然你也可以直接告诉咨询师，你想要更多的情感陪伴还是指导建议。

◇ 随时复盘

理论上，咨询师每做 3~5 次咨询后会主动跟来访者回溯或者总结一下。而优秀的来访者并不需要等待咨询师的唤醒，自己就可以在每次咨询结束后或者是每三次咨询结束后做一次总结和思考。这样可以随时校准你和咨询师的节奏和方向是否一致，避免两人当中有一人跑得太远，偏离方向。

◇ 检查自己的投入度

咨询中，来访者有可能会经历一个倦怠期。你的热情可能会减弱，你等待结果的时候会觉得疲惫。来访者需要时时去检验自己投入的热情是不是在减少。比如，在咨询时间内的互动是否依然积极？是否能充分地完成咨询师的作业？有没有坚持在生活中实践咨询效果？

◇ 坦诚提醒咨询师

咨询过程不会总是一帆风顺，可能会出现停滞期。这时，来访者要主动报告自己的感受，或者给咨询师提出一些可行性方案，尽量不要等到咨询师找你讨论。

总之，在咨询的过程中，虽然咨询师是引领者，但来访者才是主演。来访者要时时刻刻关注自己的变化，同时去应对可能发生的一切。

咨询和朋友聊天有什么区别？
心理咨询中"说"背后的秘密

不少来访者都会有这样的疑问：有时候我跟朋友聊天也能解决心理问题，为什么要跟心理咨询师花钱聊天呢？这种对心理咨询本质的困惑其实很常见，因为大多数人并没有做过心理咨询，更不清楚心理咨询中的"聊天"用的是什么样的句型结构，或者能起到什么特殊的效果。

下面我将介绍下，朋友间的聊天和心理咨询室中的"聊天"的本质不同，以及在心理咨询室里面，心理咨询师通过语言究竟引发了什么样的变化。

心理咨询的"说"不是安慰，而是重构

和朋友聊天，我们总能听到对方出于好心的安慰、认同或者快速给出他认为正确的建议。但是你和心理咨询师的"聊天"更像一种被精心设计过的奇妙探索。

◇ 心理咨询师在倾听什么？

当你说"我总会把事情搞砸"，这个时候心理咨询师并不会去安慰你"别这样想"，而是会追问"你所说的'搞砸'是指什么场景下的事情？""你如何判断这件事情是被你搞砸的？""你搞砸的频率有多高？是每周还是每月？"通过将模糊的表达变成可以被明确理解的信息，咨询师能够了解来访者问题的轻重缓急。

"每当碰到重大的考试，我就会紧张得连笔都握不住，手一直在抖。"咨询师不会像一般朋友一样劝来访者不要紧张，而是会问："如果让你把这种紧张感打个分数（1~10分），你会打几分？"这样做可以将来访者模糊的情绪变成可被评估的数值。

◇ 咨询师如何回应？

在普通的聊天中，朋友可能会说："别难过了，事情很快就会被忘掉的。"这是情感支持。或者朋友会说："你应该打回去，跟他斗争到底。"这是个人建议。而咨询师通常会用以下的方法进行回应。

澄清认知扭曲："你说所有人都不认可你，那为什么上周同事小王在会议上公开表扬了你的方案？"（打破全或无的思维）

重构叙事："如果将这次模拟考试的失败视为正式考试前的一次检验，你的感受会是怎样？"（改变问题框架）

"你提过以前你们吵架的时候，不到两个小时就恢复如初了，那当时你用的是什么方法？"（挖掘成功例外）

你会发现，一般朋友通常能提供的是情感支持或是建议，最多只是帮助当事人释放情绪而已。朋友给出的建议，可能缺乏严谨的分析而且有一定风险，它只是代表某一个人的成功经验，并不一定适合当事者本人。而**咨询师专注的是认知重构，帮助来访者寻找资源，看清楚问题背后的需求和实际情况。**

为什么跟咨询师聊聊就会好一点？

跟咨询师简单沟通 1~2 次，来访者的心情会轻松很多，感觉问题没有原来那么严重了。这主要是因为：

第一，在咨询过程中进行了情绪宣泄，压抑的情感被完全释放了。

第二，咨询师对来访者的深度共情，可以让来访者感觉到自己的痛苦被准确理解了。

第三，咨询师将来访者的认知正常化，会让来访者意识到其实自己的问题别人也有。

但是这种轻松感可不等于真正的治愈。如果咨询师像来访者的朋友一样，只是一遍一遍地听他抱怨而不去探索情绪背后的原因，很有可能让来访者陷入宣泄依赖。如果没有后续的行为改变，那么即使短期内有所缓解，后续也会容易复发，甚至会加重。

心理咨询师的"说"如何引发来访者的改变?

◇ 激活神经的可塑性

当来访者描述生活中的创伤经历，并在咨询师的引导下重新解读时，大脑会逐渐弱化原有的痛苦记忆神经回路，重新建立新的认知连接。这就是为什么把创伤进行重构后，过去的痛苦就降低了。

◇ 新型关系的建立

咨询关系本身就是最好的"矫正性情感体验"。如果一个来访者在生活中处理矛盾时，有误会发生也不去解释，那么当在咨询过程中和咨询师产生小矛盾时，咨询师会邀请来访者及时回应，及时解释。

如果来访者在处理亲密关系问题时，总是一不符合自己的心意就生气甩脸子，甚至选择分离，那么咨询师在咨询中会保持稳定的边界，告诉来访者："即使你对我生气，我们的咨询关系依然安全存在。"

这种新型的健康关系体验可以影响来访者与他人的互动模式。

◇ 潜意识的意识化

咨询师通过自由联想或者释梦等方式，将来访者的潜意识冲突转化为意识层面的认知。来访者有时会恍然大悟："原来我不想上学的真正原因，不是成绩不好，而是怕爸爸妈妈闹离婚。"

如何让语言真正带来实质性改变？

◇ 从发泄倾诉的模式转向探索式表达

咨询师建议来访者尝试在咨询中描述："当我想分手时，最先出现的画面和身体的感觉是什么？"并且要求来访者记录咨询后所出现的梦境或者是闪回的片段，以便下次与咨询师继续讨论。来访者利用这种方法去面对痛苦的事情，会减少情绪体验，更有机会看到事件之后的变化，而不是一味表达不满和指责。

◇ 容忍咨询中的不适感觉

如果咨询师的提问让来访者感觉到愤怒、想逃避，通常咨询师会建议来访者先别急着中断和否定，并建议他试着想一想为什么这个问题让他如此抵触。一般来说，痛苦的地方会有成长的机会。一位来访者发现："当你询问我和妈妈之间的关系时，我突然把话题转到别的方面，这其实是我掩饰痛苦的一种防御反应。"

◇ 将语言转化为尝试行动

比如，如果咨询师发现来访者领悟到：他总是在陌生人面前预设别人会拒绝他。那么，咨询师会建议来访者做一下行动尝试：本周向三个陌生人请求帮助，看看你的预期和实际结果是否一致。

和咨询师聊聊真的可以治病吗？

当创伤经过语言化、逻辑化，再次回忆时大脑杏仁核的激活水平会显著降低。心理咨询师都明白一个道理，**能够把痛苦说出来，痛苦就减轻了一半**。从这个角度来看，科学的聊天真的可以疗愈心理问题。而专业的心理咨询，并不是简单的花钱聊天，而是通过一种专属的时间和空间，利用更专业的工具，在安全关系中重塑来访者的心理状态。

心理咨询师、心理医生、精神科医生：如何选择最适合你的帮助者

作为心理咨询师，我经常被问到这样的问题："我应该找心理咨询师还是去看精神科医生？""心理医生和心理咨询师有什么不同？"这篇文章将用最通俗易懂的方式，帮助你厘清这三类心理服务提供者的区别，让你在面对心理困扰时，能够精准找到最适合的专业支持。

核心职能对比

◇ 心理咨询师：运用心理学的专家

心理咨询师的核心职能是帮助求助者解决心理问题。一般在专业的心理咨询机构、学校、企业等场所工作，主要帮助的是有心理困惑的正常人群。

比如，一个因工作压力大而感到焦虑的上班族，寻求心理咨询师的帮助。在咨询中，咨询师会帮他分析压力来源，给来访者提供应对策略和心理调适方法。

◇ 心理医生：从事心理治疗的医生

心理医生具有医学背景，主要在医院心理科或精神科工

作，帮助对象多为心理疾病的患者，如抑郁症、焦虑症、强迫症等。他们可以开具处方进行药物治疗。

比如，对于一位重度抑郁症患者，心理医生可能会在进行心理治疗的同时，给予抗抑郁药物治疗。

◇ 精神科医生：治疗精神疾病的医生

精神科医生侧重于对精神障碍和心理疾病进行医学诊断和治疗，如精神分裂症等。

比如，对于一位出现幻觉、妄想等症状的精神分裂症患者，精神科医生会采用相应的抗精神病药物进行治疗。

详细职能解析

◇ 心理咨询师：心灵的健身教练

1. 适应问题

面临发展性困扰时，如职场适应不良、婚恋问题、自我成长困惑；出现轻度情绪困扰时，如考试焦虑、轻度社交恐惧。

例：因工作调动产生适应不良的职场白领。

2. 工作方式

心理咨询为主，常采用认知行为疗法（CBT）、人本主义疗法等。

咨询周期通常为每周 1 次，每次 50 分钟。

重点关注：认知调整、情绪管理、行为改变。

3. 重要提示

发现疑似精神疾病症状时，会建议转诊精神科。

咨询过程不涉及药物，但可能与医生合作开展联合干预。

◇ 心理医生：心身健康的桥梁

1. 适应问题

出现明显身体症状时，如持续失眠、惊恐发作；需要心理治疗配合药物干预时。

例：因创伤事件引发急性应激障碍的个体。

2. 工作方式

心理治疗结合必要的药物治疗（视执业权限而定），可能使用精神分析、家庭治疗等深度疗法。

治疗频率根据病情调整，通常12周为1周期。

3. 重要提示

部分地区的"心理医生"指精神科医生，需注意区分。

正规医疗机构中的"心理治疗师"更接近此角色。

◇ 精神科医生：大脑的专科医生

1. 适应问题

出现严重精神症状时，如幻觉、妄想、自杀倾向；需要药物调节神经递质时，如重度抑郁症。

例：出现命令性幻听的精神分裂症患者。

2. 工作方式

以药物治疗为主，配合必要的心理教育；通过量表评估、实验室检查等进行诊断。

复诊频率通常为每月 1 次或按需调整。

3. 重要提示

初次就诊建议选择上午时段（部分检查需空腹）；而且药物治疗期间可配合心理咨询，以获得更好疗效。

常见合作模式

联合干预的典型案例：以各种神经症为主，如抑郁症、焦虑症、强迫症等。

案例 A： 抑郁症患者。

精神科医生开具抗抑郁药物，心理咨询师进行认知行为治疗，心理医生协调治疗计划。

案例 B： 青少年网络成瘾。

精神科医生评估是否存在共病（如 ADHD），心理咨询师开展家庭治疗，心理医生进行沙盘治疗。

选择专业帮助的实用指南

◇ 初步判断该找谁

先问自己三个问题：

困扰是否严重影响基本生活功能？如无法工作、学习或生活。

是否出现异常感知体验？如幻觉、妄想。

症状持续时间是否超过 2 个月？

有幻觉 / 妄想 / 严重自杀倾向，立即挂精神科急诊

持续情绪低落 + 社会功能受损，预约精神科门诊

特定情境困扰但社会功能正常，寻找心理咨询师

◇ 就诊准备清单

看精神科前：记录症状发生时间、频率、诱发因素，准备既往体检报告（排除躯体疾病）。

心理咨询前：梳理最想解决的 1~2 个问题；准备具体案例，如上周三开会时突然心悸。

特别提醒

◇ 警惕越界行为

心理咨询师擅自推荐特定药物，精神科医生拒绝提供诊断证明，任何专业人员发展私人关系。

◇ 关于转介的真相

转介不是拒绝，恰是专业负责的表现。

典型情况：

心理咨询师发现来访者有双相情感障碍症状，转介精神科

诊断。精神科医生确认药物起效后，转介心理咨询预防复发。

选择适合的心理帮助者，就像为不同的健康问题选择专科医生——感冒时看内科医生，骨折时找骨科专家。了解这些区别不仅能节省你的时间和精力，更重要的是确保你可以获得科学有效的帮助。记住：敢于求助是智慧的体现，而找到合适的帮助者，则是迈向康复的第一步。

第二章

新知！治疗的关键点
你储备够了吗

我的低落情绪，都是因为你？
解密"情绪传染"的真相

有人说心理问题是社会导致的，现在的小孩多"卷"，所以孩子就被"卷"成了抑郁症。

又有人说心理问题是会传染的，你看离婚的人，一般身边全都是单身或者离异的人。

还有人说，孩子的心理疾病，来自父母错误的教育模式。

心理问题真的是源于社会压力、他人影响或者原生家庭吗？

心理问题究竟是不是他人或环境所致，具有极强的传播性呢？

今天我们就来讨论一下谁才是心理问题的"真凶"。假如说，你不小心有了心理问题，你会首先怀疑是谁传染给你的呢？我们先看看一同工作的人吧，比如公司的同事。你发现虽然公司压力很大，但每天跟自己做着同样或者类似工作的同事们貌似都还好，可以正常上班甚至加班，谁都没有被打倒。

那会是谁呢？对了，再看看那些跟自己家庭生活类似的人吧。你发现他们虽然嘴上说自己多么"卷"、孩子又多么"卷"，但是大多数人也并没有出现心理问题。孩子们继续奋斗，依然保持着旺盛的生命力。

可是，你低头发现，手机里又有新闻在报道：某某小区有心理问题的某某做出了极端行为。但是这些真实的心理案例，并不是来自同一个小区，更不是来自同样环境下的人……

好了，到此我们初步可以得出一些结论，那就是：

心理问题确实是真实存在的，它们离我们很近，但是只是偶发，并不是大多数人都有。

心理问题较少因社会或者环境问题而大面积发生，不具有集中性，因此无须恐慌。

心理问题不具有传染病般的传染性，即便身边有人"中招"，也不会直接传染给自己。

可是新的问题又来了：自己的心理问题既然不是他人传染的，那么为什么自己却中招了呢？这个问题很容易回答：这是因为某个个体对压力产生了"不耐受"，即不适应。也就是说，人们在同样（或类似）的压力下，产生了不同的心理反应。而那些相对不耐受的人，会更多产生属于自己的情绪变化和心理不适感。

为什么说心理问题是压不住的？

那么，这些消极情绪又是怎么进入到脑子里的呢？怎么有的人就凭空比别人多出了些焦虑、抑郁？

由于对某些环境"不耐受"，**我们会产生特殊的应对方式，这些应对方式被称为"行为模式"。而有些不适宜的行为模式，会产生消极情绪。**

　　举个简单例子：现在竞争压力大，公司要求大家适度推迟下班时间，偶尔周末加班。加班属于自愿行为，公司会足额支付加班费。即便如此，来访者小李依然感觉公司在压榨自己，一边加班一边牢骚满腹，对上司各种不满，在工作中纰漏不断，甚至已经影响到了同事。因此，大家都不想跟他共事。由此，他更确认同事在老板授意下孤立自己，并渐渐开始远离大家，变得孤僻和抑郁……

　　以上例子就很典型，问题来自小李自身，身边的同事也有压力，但并没有变得跟他一样。小李对外界变化（刺激）的习惯性行为模式是"抵触"，他会比他人更关注自己的感受、自己的利益得失，而不愿意去理解他人。一旦觉察到身边人让他不舒服了，他就会立刻"甩锅"给他人，比如老板。

　　由此可见，心理困扰常始于外界刺激与自我解读的相互作用。当人们固守原有认知模式，拒绝理解他人或调整自身，过度关注得失时，就会产生错误的判断和归因。这种持续的心理压力可能表现为焦虑、抑郁等情绪，严重时甚至出现肢体僵硬等躯体化反应。

　　如果小李更多去理解公司处境，积极化解内心不满，或是把心里积压的情绪说给同事，或是跟老板协商加班事宜，甚至是找心理咨询师聊聊，他的状态都会有所不同。反正，越是对抗，就越会让自己不舒服。所以，心里有不满时绝对不能堵着，要疏通、解决才行。

学习如何判断自己的"耐受度"

需要注意的是，人在高压环境中，产生心理问题的概率确实比在一般环境中要高出好几倍。虽然人确实有自我调节的能力，但是调节能力也是有限的。一味相信自己，而忽略外界给自己带来的影响，就跑到问题的另一个错误方向了。

大家要学会在自己的耐受范围内进行调节。凡是平时遇上一些不顺心但又必须硬着头皮继续做下去的事时，可以进行有限制地调整。比如，在不顺心的环境工作，与不想合作的人共事等。给自己限定一个周期，3个月是底线，超过3个月还是不能适应，或仍有较为强烈的心理反应，就需要进行心理咨询或者离开刺激源（环境或者人）。

日常的环境，通常不属于高压环境。其他人都能面对的场景或人和事，通常我们也是可以应对的。即便偶尔会有些特殊状况发生，一般人也都能依靠自己的自我调节能力，在有限的时间内经过调整而恢复。

若是一些特殊的高压工作，诸如涉及生命安全、强度过高等，会对身体产生持续性伤害的工作环境，则需要谨慎介入或者经过适应训练后再进入，以避免产生应激反应。

人这一辈子，遇上点心理问题也真算不上什么大事，只要不成为"心理疾病"，那就都是容易解决的。而要防止这些长期的、固化的问题产生或持续，甚至变成心理疾病，最好的方式就是形成自己的应对策略。简单地说，就是面对不同的压力，人人都有自己对应的解压方法。你越是躲着它，越会发现自己不仅躲不开，还反受其害。

身体在"说话"，心理问题
会通过身体异样表现出来

你是否经历过以下场景：

一紧张就胃痛，但检查却显示胃部健康；长期肩颈僵硬，按摩后稍有缓解，但很快又复发；莫名心悸、头晕，却查不出器质性病变。

这些"查无实据"的身体异样，可能是你的心理在通过身体"说话"。

心理问题如何通过身体表现出来？

◇ 情绪的身体化

当情绪无法用语言表达时，身体会成为"替罪羊"：焦虑时，身体会心悸、出汗、肌肉紧绷；抑郁时，身体会感觉到疲劳、食欲降低，偶尔还会伴有慢性疼痛；愤怒时，则会伴随头痛、血压升高、胃酸过多。

◇ 神经系统的"超负荷"反应

长期压力下，交感神经系统持续激活会导致你的免疫系统功能下降，使你比平时更容易感冒、过敏；压力还会导致莫名的胃痛、腹泻或便秘，这也是消化系统紊乱的表现。压力还会导致内分泌失调，使女性月经不规律、产生皮肤问题，神经性皮炎就是最典型的心理压力的身体体现。

解读一：情绪表达的替代途径

在我们的文化中，直接表达情绪，如愤怒或悲伤，被视为是不礼貌的。因此，当有情绪产生时，身体就代替了直接表达的途径，成为"安全"的表达方式。如用头痛代替愤怒。

当情绪强度超过心理承受能力时，身体成为"溢出容器"，如惊恐发作时的心悸。这时候的**身体症状起到快速帮助身体释放压力的功能**。弗洛伊德理论认为，**未解决的心理冲突会通过身体症状"转化"表达出来**，如梦中杀人醒来后会出一身冷汗。

情绪理解能力低者难以识别和描述情绪，也会转而通过身体感受表达，如"我感到胸口闷"而非"我焦虑"。这是一种缺乏情绪词汇的表达。

身体的症状也可以后天学习，比如童年时期利用身体不适获得了更多关注，成年后就可能无意识重复这一模式，如利用胃痛得到家人关心。还可以通过模仿学习可得，比如观察到重要他人用身体症状表达情绪后，也学会了利用类似方式表达，如模仿母亲利用头痛表达愤怒。

解读二：身体症状的社会功能

由于大众对心理咨询的接受度还不够高，通常会有一种"病耻感"，倾向于回避或者否认自己的心理问题。在这种文化氛围中，身体疾病更容易获得他人的理解支持，于是就会有人用"头疼"来形容"抑郁"。这是身体症状的**降低病耻感功能**。

慢性疲劳综合征是一种以长期极度疲劳为主要特征的疾病，这种疲劳不能通过休息得到完全缓解，且会严重影响患者的日常生活和工作能力，同时还伴有多种其他症状。其产生的主要原因是长期过度承担家务或者工作，又没有得到足够的身心休息。患病后，借由身体症状，当事者就可以"合法"满足休息需求，从而降低内心焦虑或者自责感。这是身体症状的**社会角色与责任替代功能**。

医疗系统也更倾向于关注身体症状，忽视心理因素，导致患者更倾向于以身体不适为主诉。

解读三：身体的适应性功能

身体症状作为"警报系统"，可提醒个体关注潜在威胁，如焦虑时的心跳加速是应对危险的生理准备。这种短暂的身体反应，只是一种**"生存信号放大"**，是不用担心的。

还有些身体主动发出的信号，**对人是有帮助意义的**，比如身体不适可能激发他人的照顾行为，如婴儿哭泣引发母亲关注。而短期情绪波动引发的生理变化，如演讲前的手抖，通常能够强化专注度，提高重视程度，帮人们更好地完成工作。

也有一些信号是善意的提醒。比如，长期情绪压力导致生理系统失调，如皮质醇持续升高引发代谢综合征，这是一种**慢性压力积累**的结果；而**心理创伤的躯体化**，是未处理的创伤记忆通过身体症状进行了表达，如 PTSD 患者的闪回伴随心悸。

通过身体调整能否解决心理问题？

◇ 身体调整的积极作用

身体调整能缓解症状，如深呼吸、瑜伽、正念冥想可降低焦虑水平。

身体调整还能增强自我掌控感。当来访者通过身体练习（如渐进式肌肉放松）成功缓解紧张时，会感到"我能做到"，从而增强信心。

◇ 身体调整的局限性：治标不治本

身体调整能缓解症状，但无法解决心理问题的根源，如未处理的创伤、固化的认知模式，甚至可能掩盖深层问题。比如，一位来访者通过跑步暂时缓解了焦虑，但回避了焦虑背后的职场压力，最终导致症状反弹。

◇ 身心结合：最有效的干预方式

在心理治疗中，咨询师可能建议来访者进行身体觉察，通过觉察身体感受，释放被压抑的情绪；还可能建议来访者结合身体练习（如正念呼吸）来增强情绪调节能力。

如何通过身体觉察心理问题？

◇ 练习"身体扫描"

每天花 5 分钟，从头到脚觉察身体感受：哪里感到紧绷或疼痛？这种感受是否与某种情绪相关？如因愤怒紧握拳头。

◇ 记录"身心连接"日记

记录身体异样与情绪、事件的关联：

"今天开会前胃痛，可能是因为害怕被批评。"

"昨晚失眠，可能与白天和伴侣的争吵有关。"

◇ 尝试身心整合练习

深呼吸：吸气时默念"我接纳"，呼气时默念"我释放"。

正念行走：感受脚底与地面的接触，将注意力拉回当下。

心理咨询如何帮助身心整合？

◇ 从身体反应切入心理探索

咨询师可能会问：

"当你感到胸口发紧时，脑海中出现了什么画面？"

"这种身体感受是否让你联想到过去的某段经历？"

◇ 提供身心调节工具

咨询师可以教授来访者放松技巧，如渐进式肌肉放松；或引导来访者进行情绪释放练习，如通过呼吸或动作表达愤怒。

◇ 促进深层疗愈

咨询师最终仍会通过心理治疗处理创伤、调整认知模式，从根本上减少身体化症状。

身体是心灵的镜子，当你的身体发出"求救信号"时，不要忽视它。心理咨询的目标，不仅是缓解身体的异样，更是帮助你听懂身体背后的"心理语言"，实现身心的和谐统一。

何时需要寻求专业帮助？

如果你的身体问题符合以下描述，那么你就需要考虑寻求专业人士的帮助了：

身体异样持续超过 2 周，且医学检查无异常；身体症状严重干扰日常生活，如无法工作、社交；伴随明显的情绪困扰，如长期焦虑、抑郁。

身体成为情绪的症状表现，既是生理系统对心理状态的直接反应，也是个体在特定环境下的适应性策略。理解这一现象有助于我们更全面地看待健康，采取整合身心的方法促进疗愈。

你是易感人群吗？一张"心理体检单"帮你自查和预防

心理问题会受到社会环境与他人的影响，同时还有很多跟自身相关，甚至有些我们自己都未察觉的影响因素存在。有的人就是比其他人更容易出现心理问题。某些特质会像磁铁一般吸附负面情绪，让你感染上心理问题。我希望通过以下的介绍帮你澄清，帮你呈现一个完整的地图去检查自己，帮你更好地做到预防和规避。

藏在基因和环境里的风险

部分心理和精神疾病的遗传率高达 30%~40%。虽然遗传对下一代会有一定的影响，但是这种心理问题的遗传是由多基因决定的，不是单一基因作祟。所以如果你的父辈有人得了精神分裂，也不代表你一定会有类似的症状。

环境因素的影响，有的时候比遗传因素更强烈，而在遗传和环境共同作用之下，个体就会很容易产生真正的心理疾病。例如，在一个家庭中，父母总是处在情绪低落、彼此埋怨、没有太多开心事情的状态中，那么他们的子女也很难在成长的过程当中获得更多快乐或者学会情绪调节，在这个家庭中成长的孩子就会比其他人更容易得抑郁症。

因此，若个体有个劣势的成长环境，就应提前准备，储备相关的知识和更多的积极情绪，做更快乐、更有价值的事情，以此抵消来自周边的坏情绪污染。

特殊时期，容易被重点攻击

如果你正在经历青春期、孕产期、更年期等激素波动的特殊时期，就更需要密切关注自己的情绪变化。通常女性患抑郁症的概率是男性的两倍。产后抑郁症更是女性在特殊时期的易患心理问题。在特殊时期的激素波动影响下，我们往往在看待同样的问题时会有更偏激的观点或反应。此时应该时刻关注自己，随时调节状态。

有一个来访者正在经历更年期，而她的女儿正处在青春期，她们经常在家庭里面上演"世界大战"。而这个更年期的妈妈，每次情绪即将爆发之际，都会给自己3分钟的暂停时间，用这短暂的时间安静思考：这次冲突究竟是不是自己的原因？自己的反应是不是特殊时期情绪波动导致？所以她总能够在最关键的时候制止一场大战的爆发。

未被治愈的童年要用一辈子去治愈

你可以回顾一下自己成长的历史，**如果曾在成长过程中发生过一两次记忆犹新的创伤事件，就一定要留意**。因为这些过往未治愈的伤痛，很有可能会随时冒出来干扰长大后的你。比如幼年生活在冷暴力当中的孩子，成年以后在对待亲密关系时，或者会出现过度的渴望，或者会产生极度的恐惧。这种矛盾的状态，实际上就是因为幼年的伤痛没有治愈而遗留下的祸根。

还有在小的时候被父母要求必须成为第一名的人，他们在长大以后可能会形成一种过度完美倾向，不允许自己有1%的偏差，因为一旦那样，他们就会受到100%的打击。

经历过校园暴力，或者在校园暴力过程中是重要的旁观者等，如果当时没有及时处理，事后也有可能演变成一种梦魇，时不时冒出来干扰我们快乐的生活。这种问题的最好处理方式就是不放过任何令你不舒服的事件，从小事开始、从现在开始，一有不愉快事件发生就立刻着手处理。如果已经发生过的事情给现在的你造成了很大困扰，你也可以找一位咨询师来帮助你，抚平你已经形成的创伤。

现代文明带来的新压力：表面社交空心病

如今的人，每天要用大量的时间刷社交软件，却不愿意花一小时跑到城市的另一端去见多年不见的好朋友。人们之间的情感交流越来越空虚，越来越表面化。点赞的多少能够引起我们暂时的兴奋，但是老朋友的重逢却不能激起我们对过去的怀念。表面上朋友圈里面有上百个好朋友，但是真的有事情时却连一个可以求助的人都找不出来。

这种表面化社交和非真诚的来往模式，缺乏真实的情感互动。如果我们继续沉迷于这种表面社交，那我们的情感可能早早就会被挖空。

现代社会的人们普遍缺失意义感，倾向盲目跟从他人。近几年空心病流行，不少年轻人不知道自己的理想在哪里，不少学生不知道学习的目的是什么。做任何事情其实都应该有目标和其背后的意义，如果没有，这种心理的过度空虚会导致人们的心理更不健康，遇事容易缺乏理智，缺乏判断力。

需要及时为自己的心理杀毒

建立情绪监管机制。发现自己的情绪低落持续一周不能缓解，连续三天出现身体症状，比如失眠、暴食或厌食等，就需要及时进行自我关怀，寻找问题根源。压力过大时，可以增加个人可支配时间，比如放松调剂或者思考人生。哪怕在公园静静地坐在长椅上晒太阳发发呆；或是约三五好友，一天或几天远离工作。

经常做理性化思考。减少给自己贴标签或是做出偏激评价，使思维回归到具体的事件上，清晰了解是哪一件事情没做好，不要以偏概全。这样可以防止灾难化、极端化思维。

多为自己做的事情建构意义感。做事情、学习、工作，多问自己为什么、目的是什么、意义在哪里。避免盲目跟风，不做没有任何意义的事情。**不要怕成为和别人不一样的人，而要怕成为自己不知道自己是一个什么样的人。**

以上从遗传、自身经历到社会因素等多方面给大家呈现了一个心理体检报告，帮助大家去发现自己的过敏原。我们可以通过心理杀毒，及时把问题扼杀在萌芽中，不过夜、不拖延、不演变。坚持进行这种日常的训练，我们不仅可以克服眼下的问题，防止新问题的发生，而且当出现一些从没见过的事情时，也会有足够的应对之策。

"童年阴影"和"内向性格"
真的是制造心理问题的小怪兽吗

随着生活节奏加快，心理问题似乎愈发普遍。其实，不论外在环境如何变化，有几个隐藏在暗处的"小怪兽"，总是在悄悄影响着你。如果我们能对它们的习性了如指掌，那便能可防可控，避免心理问题给我们的生活带来太大影响。

"童年阴影"是隐藏最深的"不定时炸弹"

大家都知道，心理咨询师最爱问来访者的"童年经历"。因为童年时期是一个人心理成长的关键阶段，个体的今天和明天，都需要依靠"童年"这块基石打底。一些在童年时期经历过的创伤事件，比如被父母过度打骂、被同学欺负、目睹家庭破裂等，都可能在人们心底深埋下痛苦的种子，留下隐患。

这颗种子，会随着人们长大而不断冒出来干扰他们的生活。并且干扰通常来得毫无预兆，甚至无法预测下次来到的时间。

小峰从小就生活在父母经常争吵的环境中，家中总是充满了火药味和紧张气氛。他长期处于这种恐惧和不安中，内心极度缺乏安全感。长大后，即使离开了那个环境，他在人际交往中也总是表现得小心翼翼，害怕与人发生冲突，不敢轻易与人建立亲密关系。

不过，这个"童年阴影"小怪兽，也没那么可怕。虽然我们无法预料它出现的时间，但是可以努力减弱它的危害。接下来要介绍的三个步骤，就能帮你控制住它，它们是自我观察、自我反思和积极行动。

自我观察是观察自己和他人的不同。大多数情况下，自己独有的坏情绪，应该是不正常的。经常观察和比对自己与大多数人的状态差异，就可以开启后天成长的大门，降低童年阴影的破坏性。小峰幼年的成长环境不好，这些经历在他身上遗留下某些特质，当他进入学校，便发现自己和其他同学相比，在与人相处时总是过于小心翼翼，这就是一个信号。

自我反思是思考这个不同背后可能的原因并检查自己的认知是否合理。小峰认为，自己是因为幼年没有建立安全感，所以产生了对周边的不信任。然后他进行了反思：学校里的老师和同学对自己都很好，这种不信任的感觉似乎有点"防备过当"。

观察和反思后，要积极行动。童年阴影会导致我们产生一种思维惯性，会不分青红皂白地将一切情况都视为童年经历的再现。经过前两步，小峰理性地得出结论，身边的同学、老师是可以信任的人。然后他决定打破惯性，积极主动去跟他们接触。通过接触获得的真实体验感，最终证明了他的判断是对的。到此，小峰就成功战胜了一次"童年阴影"。

当我们反复利用这三个步骤获胜，你就会发现，"童年阴影"无法绑架我们，我们可以做自己了。

"内向性格"是心理问题的"易感体质"

就如"童年经历"一般，我们自己的"性格"与生俱来，也没得选。它就像是我们心理的底色，不同性格的人对心理问题的"抵抗力"也大不相同。有些人天生性格开朗乐观，像阳光一样充满活力，他们面对困难时往往能积极应对；而有些人性格比较内向敏感，就像温室里的花朵，对周围的变化十分在意。

内向敏感的人在面对挫折时，更容易陷入自我怀疑和否定中。

在一次小组讨论中，内向的小李提出了一个想法，却遭到了部分成员的反对，这让小李感到非常受伤。他反复思考自己的想法是不是真的很糟糕，是不是自己不适合参与这样的讨论。甚至由此产生了自卑心理，一连几天心情低落。

如果你的性格也似小李，一出生也恰好带着个"阴郁的小怪兽"，也不打紧。性格是没有好坏的，内向的人十分敏感，看事物能抓住细节，有耐心，可长期保持注意力，做一件事情比一般人更有韧性，也更容易出成果……这都是内向敏感人群的优势。所以，对付"性格小怪兽"，要顺着来。做到了解自己，善用自己。

了解自己，就是允许自己"阴霾"一会，因为这是自己的性格习惯，只要持续时间不长就不会产生心理问题。比如上面的小李，他是控制不了自己的"受伤感"的，也控制不了继而产生的自责和自我贬低等。不过，当他了解内向的人很容易把问题归责到自己身上，他就会明白其实这是性格在起作用。此时，他可以先顺着自己的性格几分钟，当发现这确实不是自己的问题，便可以从自责中大胆走出来了。

简单地说，内向敏感的人会有一个自动习惯，一旦遇到问题，就喜欢自动归因到自己身上，然后自我评价。既然是"自动"，我们便不要较劲，随他去。我们只需要做到对自己客观公正，不无中生有，便很快就会想明白，其实问题并不全是因为自己，于是便可以结束负面思考，放弃自我消极评价。**简单地说，就是顺势而为，停留片刻，结束自责。**

善用自己，就是多做适合内向人的事情，给自己制造"高峰体验"。人无完人，做自己最擅长的，才能得心应手，让自己感觉到开心。我们不需要什么都跟别人保持高度一致，我们也不需要成为别人眼中那个时时都开朗、热情、活泼的人。我们能做到的是沉稳、耐心、有韧劲、敏锐……坚守自己的心理底色，做自己喜欢的自己。

性格定疗法！颠覆认知
的心理诊疗革命

　　心理咨询领域存在这样一个现象：由于每个人的性格不同，有时处理相同的症状必须采用不同的方法。因为心理咨询的对象是人，即便这个人的问题可能与别人的类似，但是因为人不同，就要为这个人选择适合他的疗法。以下的内容将着重介绍咨询师是如何根据来访者的性格特征去帮助他选择更适合他的心理疗法的。

理性思考型

性格分析： 理性的人通常在情绪表达上是木讷的。他们更偏向于用逻辑推理找到问题的症结。所以他们喜欢有规则的、结构化的、目标明确的、能够看见每一次的进展的咨询方式。因为他们认为用数据和事实来验证结果才是最安全的。

◇ 推荐疗法：认知行为疗法

理由： 认知行为疗法强调的是逻辑分析，对于喜欢进行逻辑思考的人来说，不管是认知的改变，还是行为的改变，都是看得到的成功和进步。认知疗法的部分可以帮助来访者更清晰明确地看到自己在哪些地方有不合理的认知；而行为疗法部分可以更好地帮他检验操作的正确性。

案例： 来访者在一次挫败后就认定自己是一个完全失败的人，而认知行为疗法会给他更多的思考角度，帮他找到他在哪些方面是成功的，以及通过一些任务驱动，让他通过行动找到证明自己并非完全失败的具体事实。

情感丰富型

性格分析： 情感细腻，善于表达，而且容易话多，追逐细节，但缺乏理性。这类人群往往较难于聚焦。相反，他们更看重的是咨询师给他们的感受。更多是凭直觉去理解问题，较少用逻辑去得出答案。他们的精神需求会比他人要高一些。

◇ **推荐疗法：人本主义疗法**

理由：人本主义疗法的核心是无条件积极关注。共情、尊重、热情是人本主义的关键词。这一疗法特别适合情感丰富，急需得到倾听和理解的来访者。通过对来访者本人的充分接纳，咨询师帮助来访者进行自我探索并获得提升。

案例：有一个失恋的来访者，他陷入痛苦的时间已经远远超过一般人。在咨询中，他经过大量的宣泄、表达，确认未来的情感目标，很快就从情绪当中走了出来。来访者感觉很神奇，他说咨询师并没有给他特别明确的指引，更没有介绍什么心理学的知识，但是他内心似乎得到了治愈，而且获得了勇气，能够为自己的人生负责下去。

内省探索型

性格分析：做事谨慎，必须由自己经过深度思考得出结论方能去执行。喜欢向内探索，渴望了解自己的潜意识和原生家庭。能不厌其烦地花大量时间去了解自己的成长经历和内在冲突。有着比一般人更持久的耐心和动力。

◇ **推荐疗法：精神分析疗法**

理由：精神分析疗法由弗洛伊德创立，它更强调潜意识对人的行为和心理的深刻影响。这一疗法认为，许多心理问题源自童年时期未解决的冲突和创伤，这些经历被压抑到潜意识中，在不知不觉中影响了人们的情绪和行为。所以在咨询中需要大量的时间进行深度挖掘，把被压抑的情绪和冲突意识化，从而找到问题的根源并加以解决。这种治疗方式恰好适合内省探索型。

案例：来访者在单位里和领导的关系总是不好，在咨询的过程当中让他重新描述幼年和父亲的关系，发现他和父亲之间有着巨大的矛盾。这种幼年的成长经历所遗留的问题，导致了现在他的不良人际关系。

行为导向型

性格分析：这种来访者通常比较急躁，希望跳过中间的分析，直接给结论、给方案。他们希望咨询师告诉他们怎么做，对理论探索缺乏耐心，偏好于具体方案。通常只注重结果，不重视过程，希望马上看见效果。

◇ **推荐疗法：现实疗法**

理由：现实疗法的着眼点是当下，不讨论过去。同时它更强调行动，会通过制订具体的行动计划和改变方案，让来访者的问题快速得到改善。现实疗法和精神分析疗法正好相对，认为一个人的责任比过往经历更重要。

案例：一位有拖延症的来访者，心理咨询师为他具体设计每天必须完成的项目以及会出现的问题的解决方案，监督他一步一步完成，很快就能够达到预期效果。

直觉觉察型

性格分析：对自己的身体和内在的感觉很敏感，喜欢通过觉察和体验来理解问题。对于某些呼吸疗法或正念冥想等有一定的兴趣。

◇ 推荐疗法：正念疗法

理由：正念疗法强调的是觉察和接纳，更多的不是去消除问题，而是去理解问题，适合直觉觉察型的来访者。通过练习呼吸等让来访者更好地觉察自己。

案例：一位因焦虑而失眠的来访者在每天晚上固定的时间进行正念练习，充分地接纳自己，可以很好地改善睡眠质量，让他更好地管理情绪和缓解压力。

关系导向型

性格分析：这类人容易受到身边人的影响，非常看重他人对自己的评价。他们在关系当中容易受到困扰，甚至引起冲突。即便他们非常想去做好，但是也很容易考虑过多而失去了方向，所以他们更希望通过改善关系来缓解自己的焦虑。

◇ 推荐疗法：家庭疗法

理由：家庭疗法是通过协调家庭成员之间的互动关系来解决他们之间矛盾的一类疗法的统称。家庭疗法的理念是问题不是单一存在的，它往往是由于多人的互动产生的结果，所以治疗对象不应该是某个个体，而应是一个家庭。

案例：一个在家庭当中总是和他人合不来的来访者，我们会建议他和产生矛盾的家人共同到场，一起进行治疗。通过分别了解家庭中每个人的不足以及了解互动模式来改善关系。

心理咨询不再单兵作战，
而是三段式阻击

现在的心理咨询，通常已经不会从头至尾都只用一种疗法和一种技术，按初期、中期和后期为一个病症提供不同种类和层次的疗法变得越来越普遍。所以接下来，我将根据心理问题的类别来为大家做详细介绍。

创伤事件

主要包括：遭遇地震、海啸、火灾等自然灾害或者遭遇暴力袭击、坠机、车祸等。

心理咨询时，针对这类问题通常采用三阶段多疗法组合。

◇ 紧急阶段（危机干预期）

稳定化技术： 创伤性事件发生之后，最重要的不是治疗，而是先要让来访者恢复情绪和生理上的稳定，让他们获得安全感并安定下来。最常用的技术是稳定化技术，包括心理教育、放松训练和安全岛技术等。心理教育就是让来访者知道灾难后的反应是正常的，不必恐慌，减轻他们的紧张感。放松训练主要是指导来访者做深呼吸和肌肉放松等，以此来帮助来访者缓解身体上的紧张和焦虑。安全岛技术是引导来访者建构一个内心中的安全、舒适的想象空间，当他们感到痛苦的时候，可以进入到这个空间，获得心理上的安慰。

◇ 中间阶段（创伤处理期）

认知加工疗法（CPT）： 在来访者情绪相对稳定之后，可以让他进行对灾难事件的回忆，帮助来访者就创伤事件进行认知重构，并调整他对负面情绪的理解。从而减少来访者的自责、无助感以及对世界的不信任，减轻创伤后应激障碍等症状。

◇ 后期阶段（康复重建期）

团体疗法： 将有类似创伤经验的人聚集在一起，形成一个小的团体，互相分享、支持和鼓励，使团体中的每个人都能获得他人的支持和力量。这个时候的来访者通常情绪较为稳定，也能够再次认识生活当中的不如意，只是还需要更多的时间慢慢提升对新生活环境的接纳程度。

焦虑抑郁相关问题

主要包括：工作压力过大、长期失业、亲密关系破裂等导致的强烈负面情绪。

◇ 初期：支持性心理治疗

支持性疗法的主要目的是给来访者提供一个安全可信的环境，咨询师通过倾听、共情和理解，给来访者更多的支持和鼓励，帮他缓解焦虑抑郁等情绪，建立对治疗的信心。

◇ 中期：处理负面认知，协调人际关系

可以利用认知行为疗法去处理不合理的认知，通过行为和情绪的调整，缓解焦虑和抑郁。也可以通过人际关系疗法，把焦点聚焦于理解和改善与他人的互动模式，解决因亲密关系破裂等导致的心理问题，或者是在人际交往方面的不足，提高来访者的社会应变能力。

◇ 后期：正念疗法

通过引导来访者关注当下和自身的体验，不做评判地去觉察自己的思绪、情绪和身体的感受。通过有规律的训练，提高来访者对情绪的调节能力和韧性，减少焦虑和抑郁复发的可能性。

人际关系问题

主要包括：与同事关系紧张，与家人频繁争吵，在社交场合中感觉到孤独等。

初期： 支持性心理治疗。

中期： 认知行为疗法、人际关系疗法。

后期： 团体疗法。

由于人际关系问题的核心在于与他人的关系，所以通过团体疗法可以让更多有雷同问题的人沟通，彼此鼓励，分享进步经验。

成瘾问题

主要包括酗酒、吸烟、吸毒，以及沉迷网络、手机游戏或赌博等。

◇ 初期：动机增强疗法

动机增强疗法能帮助来访者清晰地认识到问题的严重性，激发他们改变的动机。通常心理咨询师会借助理解、倾听、共情等技术，引导来访者思考成瘾行为对生活健康和他人的负面影响，唤醒他的内心动力，为后续治疗做铺垫。

◇ 中期：认知行为疗法、精神分析

可以用认知行为疗法寻找不合理的自动信念，进行行为

训练；形成正确的价值观，用替代行为去建立健康的生活方式。除此之外，还可以用精神分析去探索内心深处的需求，因为"瘾君子"一定在更早的年龄段就埋下了成瘾的种子。所以拨开表面去深挖，可以找到问题的根源。

◇ 后期：团体疗法

在团体中，个体能够分享经验，获得支持，改善行为问题。

适应问题

主要包括：换工作、转学、离婚、亲人亡故等生活状态的改变所导致的适应困难。

初期：支持性心理治疗。

中期：认知行为疗法。

后期：正念疗法。

人格障碍

主要包括：患边缘性人格障碍的来访者出现情绪不稳定、人际关系紊乱等问题，比如频繁与朋友发生冲突或是出现自残行为。

◇ 初期：辩证行为疗法（DBT）

这是专门为治疗边缘性人格障碍设计的疗法，在初期主要聚焦于情绪和行为的控制。通过干预，这一疗法可以让来访者学会尊重他人，识别与理解对方的行为和情绪，以及控制自己的负面情绪和正常表达自己的需求与感受。

◇ 中期：图示疗法（ST）、心理化基础疗法（MBT）

图式疗法是一个综合疗法，通过发现不良图示和应对方式对来访者进行认知重构，发展健康应对模式。图式疗法既融入了精神分析对来访者早期成长的关注，去挖掘潜意识，进行意识化；又融入了认知行为疗法和人本主义疗法对认知进行重构以及积极关注的概念，对人格进行调整和完善。

心理化基础疗法同样融入了认知、精神分析和发展心理学的观点，关注思维信念和归因方式。但是它并不直接对错误的认知进行调整，而是帮助来访者去体验和增强适应性。简而言之就是帮助来访者去理解他人的情绪、意图和信念等心理状态。

◇ 后期：支持性团体疗法

支持性团体治疗是将同质性非常高的人群聚集在一起，通过团体成员互相鼓励，实现共同成长。在团体中，个体可以通过分享和倾听来缓解心理压力，增强心理承受力。人格障碍患者通过这种方式可以进行情绪控制，改善人际关系方面的问题。在自残等行为问题方面，也可以从其他成员处获得宝贵的经验。

咨询效果怎么看？
能继续跟随咨询师吗

很多来访者上来就会问我："白老师，我的案例要多少次才能有效？"但是这个问题其实是非常难以回答的。因为每个人的情况不同，每个人的努力程度不同，每个人和咨询师的匹配关系也不一样。但这个询问的背后其实体现了来访者对三个方面的关注，第一是时间成本考量，第二是对成长的期待，第三是对咨询关系的试探。

见效没有标准答案，但是有可参考的数据

心理咨询的效果是因人而异的。在具体咨询过程当中，来访者和咨询师的互动匹配度不同，所以进度也会不一样。甚至同样的问题，有的人只会被困扰一两天，有的人则会被困扰几个月甚至是一年以上。但心理咨询会有一个大致的参考维度，帮你更清晰地了解咨询效果如何评估。

◇ 短程咨询（1~6次）

短程咨询通常用焦点疗法或者是认知行为疗法来操作，比较容易看到效果。所处理的问题类型集中在单次、偶发的局部不适上。比如一次失败的演讲、一次没有发挥好的考试

等，这些问题往往属于因对环境的不适应而产生的对自己的不满意，通常通过认知调整和暴露练习，经过三次以上的强化就可以得到解决。

◇ 中程咨询（7~20次）

中程咨询通常解决的是持续超过半年的问题，该问题长期影响着来访者，比如婚姻关系中的反复矛盾或对自己的低自我价值感。由于持续的时间长，改变或松动会相对缓慢，但是在咨询五六次的时候，来访者会有一种顿悟感。此后，来访者需要持续进行自我觉察，将一时的成功顿悟延续并不断放大。

◇ 长程咨询（半年以上）

长程咨询一般处理的是人格方面的问题。比如，个体的性格中有一些限制模式，如依恋型人格或完美主义倾向等。人格问题需要咨询师长期做润物细无声式的陪伴，处理童年创伤，使用精神分析疗法帮助来访者慢慢看到自己的模式，用新的应对去替代。由于涉及的问题较多和顽固，所以要更多的耐心。

判断是否"有效"，必然有可见的"锚点"

心理咨询真正对人的帮助，不是立刻铲除他的问题，更不是立刻让他从难受痛苦转变成开心快乐。实际上，来访者的进步更多应该体现在当面对同样的痛苦时，他的理解变得更加灵活和多维度了。以下我们将一一介绍体现心理咨询效果的几个"锚点"。

◇ 情绪兼容度在增加

来访者之前遇到一点小事情就会崩溃，就会大哭，而现在能够冷静地去分析问题。能够思考问题是从哪里来的，甚至可以尝试用新的方法去面对。简单说，就是痛苦还在，但是已经没那么强烈了。

◇ 自我觉察力飙升

来访者开始能意识到在生活中的一些生气和愤怒，并不是源于其他人的行为，而是源于自己幼年的某个创伤。这种自动反应还在，但已经可以被主动察觉，并且来访者能从理性上得出新的结论。

◇ 关系变松弛

来访者仍然对社交有一种紧张的感觉，但是偶尔愿意尝试突破自己的舒适区。他依然对伴侣的某些行为感到焦虑，但是已经不会动不动就逃跑。

◇ 能抵抗咨询中的不适感

来访者在咨询中总会被负责任的咨询师"故意"触及不舒服的地方，之前他可能会想摔门而去，永远不再跟咨询师说话，但现在已经能够冷静下来，开始思考自己的愤怒究竟是从哪里来的，甚至已经可以跟咨询师探讨这些不适感。

坚持下去的动力跟咨询师有关

咨询只有满足以下的条件，来访者才会有持续进行咨询的动力。

◇ 来访者感觉到被理解

咨询师能够准确捕捉来访者的情绪和发现来访者的潜台词，并不是机械性地回应或者只能偶然理解。来访者逐渐放下了自己的防御，愿意暴露自己脆弱的一面，甚至只有在咨询师面前愿意哭出来。

好的咨询关系是既可以被理解，也可以被挑战的。就像生活当中夫妻之间既亲密又允许有分歧，不会因为分歧而分离，也不会因为亲密而不表达自己不同的观点。这是一种基于信任而生的安全感，一旦来访者获得了这样的感觉，那么即便目前没有明显的进步，也可以尝试再多做几次，因为关系是产生效果的前提。

◇ 有微小但持续的进步

即便问题没有得到彻底解决，但是来访者的觉察力、情绪管理和应对方式等方面都有所提升。咨询中经常会有一些亮点让他突然发现：噢，这就是我呀！

小进步不断出现，积累到最后，量变成为质变，才能产生有效进步。其实，心理咨询想要产生效果，需要来访者在咨询过程中的每个环节都有进步，当这些进步积累到临界点，就能够自然而然地成为一个显著的效果。所以，小进步不断出现，预示着随后更大的显著效果的出现，这需要来访者耐心地等待。

◇ 目标一致且越发清晰

来访者将从开始模模糊糊地进入咨询，只是想找到某个好的感觉，到已经开始清晰地看到，这种好的感觉其实需要具备哪些特征才能够获得。比如，你想要一个自信的自己，但其实你只是想减少他人对自己的批评和指责；你想要一个富裕的生活，但其实你只是想得到爱人的尊重和理解。这些越发清晰的目标，代表着你已经做好准备，具备跟咨询师一起解决更大问题的能力。

◇ 坚守专业边界与保持灵活性并存

这一点非常难得，因为关系紧密往往会导致边界不清。但是，咨询师过于强调专业边界又会显得不够灵活，像是把自己放在一个高高在上的位置。所以当你的咨询师能够把握这种平衡，既能够体会到你的特殊需求而为你突破边界，又能够保持一个良好的咨询状态，这说明他的水平足够应付你的咨询。

五句话揭示五大疗法精髓，
让你成为自己的心理咨询师

要想像心理咨询师一样去帮助自己和他人，其实并不难。因为每一个疗法都有一句最精髓的话，如果你掌握了这句精髓的话，并且知道如何去实践，那么这个疗法的主要部分你就已经掌握了。本节中，我将为大家介绍五个简单实用好操作的疗法。记住以下五句话，你就能立刻成为自己的心理咨询师。

森田疗法：顺其自然，为所当为

"顺其自然，为所当为"的核心意思是：**做你该做的事情，接受你自然的情绪**。生活当中总会有一些困难的事情，在经历这些困难之事的时候，你的各种复杂情绪也会同步显现出来。但是，这些情绪是为了做成这件事情，必然要附带的。情绪本身没有好坏，也无须回避。

◇ 适用问题

强迫思维、强迫行为、焦虑、抑郁、拖延、社交回避等。

◇ 具体方法

首先，承认并接受自己是有情绪的，但不要被情绪所控。

然后，把注意力放在当下的事情本身上，即使感觉到不舒服也不退缩。

最后，完成任务。仅重复这一过程，就能够逐渐减少对情绪的过度关注，实现减少或消除负面情绪的目标。

◇ 具体案例

在当众发言的场合，我会感觉到焦虑，担心自己表达得不好。利用森田疗法的理念，我告诉自己：我可以焦虑，我也可以表达得不够好，但是我仍然需要参加会议并发言。

面对一个生活事件，我们能做的选择无非做和不做，但是当我们必须去做一些事情的时候，我们就失去了选择权。有些时候，我们恐惧一件事，只是因为不熟悉，多次重复学习去做这件事情，你就会发现这件事其实很简单，甚至会越做越开心。

焦点解决短期疗法：发现成功例外

焦点解决短期疗法的核心是**寻找资源**。我们往往都会有过往的成功经历，只是暂时忘记了。所以该疗法不从当下找突破口，而是从过去成功的地方找到解决现在问题的密码，然后复制到现在。

◇ 适用问题

面对那些没有信心解决的问题，来访者感觉到被困在问题中，看不到出路。

◇ 具体方法

首先，回想成功解决问题的时刻。

然后，分析这些成功时刻具备哪些因素，包括行为、思想、环境等。

最后，尝试复制这种成功经验，把当时所具备的成功因素同步复制过来。

◇ 具体案例

在发生家庭纠纷时，回想之前你们之间相处愉悦的时刻，去回想当初快速解决纠纷的方法。也许之前使用了耐心倾听、主动理解等方法，尝试复制这些行动，解决现在的问题。

正念疗法：觉察当下

正念是一种能够快速缓解负面情绪的有效方法。它的着眼点在于**关注当下**，试图去影响过度的负面情绪以提升对情绪的掌控能力。

◇ 适用问题

情绪波动、压力过大、过度思考。

◇ 具体方法

首先，将注意力集中在当下的感受上，比如呼吸或身体的感觉。

然后，当注意力分散的时候，温和地将自己的注意力拉回来。

最后，不加评判，仅仅是静静地观察自己的情绪和想法。

◇ 具体案例

当感觉到焦虑的时候，专注于自己的呼吸，而不试图消除焦虑。你会发现身体会慢慢进入一种适应状态，最终焦虑就会慢慢消失。

认知行为疗法：改变想法，改变情绪

认知行为疗法是一个非常普遍而好用的疗法。它认为人的情绪来自其思考的方式。所以改变认知，情绪就会联动产生改变。相反，如果先改变行动，反复做出更合理的行动，我们的认知思想也会联动改变。

◇ 适用问题

负面的思想、情绪低落、焦虑。

◇ 具体方法

首先，识别困扰自己的负面想法，比如："我做什么都做不好"。

然后，询问自己，这个想法有证据可以支持吗？有没有其他的可能解释？

然后，替换成一个更积极或者是可以解决问题的想法。比如"我可能并不完美，但我已经尽力了"。

◇ 具体案例

员工在公司的一个重大项目当中，因失误影响到了整体的业绩，员工本人认为自己是一个失败者。他可以把这次失败定义为"自己在这件事上的失败"，这样他的思维方式将转变为"这只是我的一次失败，我今后还可以获得成功"。

接纳与承诺疗法：接纳情绪，追求价值

接纳与承诺疗法的核心不在于消除情绪，而是**接纳情绪，认为其存在是合理的**。把注意力和重点放在自己需要关注的方面，赋予重要的事情价值感。

◇ 适用问题

情绪困扰或者是缺乏方向感。

◇ 具体方法

首先，承认并接纳自己的坏情绪，不试图去消除自己认为消极的情绪，认同情绪的存在是合理的。

然后，明确对自己重要的事情，比如家庭、生活、事业、健康等方面。

最后，根据价值的高低顺次制订行动计划，即使感觉到不舒服也不受影响。

◇ **具体案例**

觉得抑郁的时候，告诉自己：我可以感觉到抑郁，但我仍然要去做对我重要的事情，比如陪伴我的家人。

对于个体而言，意义的价值其实比痛苦的感受更重要，所以当我们专注于意义本身的时候，暂时性的痛苦和难受将会慢慢消散。

以上五个疗法，实际上是通过行为、思想、情绪、价值定义、回忆成功等方法帮我们解决问题，用于应对日常的一些小问题其实已经足够。关键是我们领会到了疗法的精髓之后，一定要理解这一疗法为什么会对心理问题产生作用，然后经过反复实操练习，最终能够在生活当中自动地运用，从而帮助自己，成为自己的心理咨询师。

第三章

别慌！心理咨询前的
准备和挑师妙方

"心灵捕手"还是"情绪垃圾桶"？
揭秘心理咨询师的真面目

心理咨询师在咨询的时候会扮演很多复杂而多维的角色，其目的是帮助来访者解决他的问题，并且确保在安全的环境下完成每一次工作。而且，咨询师的角色会随着咨询深入而变化，咨询师就像一个厉害的演员，用真诚诠释着各种角色……

安全交流的创建者

◇ 中立的询问者

咨询师在咨询的过程中始终保持非评价的状态。通过各种开放式的询问和中立的态度，创建一个允许来访者释放压抑情绪、表达脆弱的安全环境。比如，当来访者感觉到羞耻感时，咨询师会说："我注意到刚才你描述这件事的时候，有遮遮掩掩的感觉。此时此刻你是想到了什么吗？"以此来引导来访者关注自己。

◇ 边界的捍卫者

咨询过程当中，有严格的来访者保密条款，以及相对 固定的时间、地点、频次的设置。这些稳定的框架本身就足够让来访者感觉到安全。就好像一个小孩，他完全可以在这样的安全空间里释放自己、暴露自我。

在咨询中，咨询师会避免建立多重关系。咨询师与来访者之间是纯粹的工作关系，咨询师不会接受来访者除了咨询外的其他关系的邀请，以此来避免产生不必要的麻烦，避免带入个人主观的情绪从而导致误判。

◇ 耐心的倾听者

在咨询初始阶段，来访者往往会有很多情绪暴露，此时的咨询师会以一种耐心、随和、亲切的状态，成为来访者的坏情绪容器：不评价，不批评，不指责，不教育。以此来推动来访者将内心积压的情绪释放出来。

机智的发现者

◇ 思维辩证家

在心理咨询中，"发现"的意义远远超过"指导"。咨询师有时候会运用苏格拉底式的提问方式。比如，来访者说："明天的期末考试我必须考100分。"咨询师会引导他思考："如果没有得100分，将对你有什么影响？"再比如，来访者说他的婚姻关系已经干枯，咨询师会引导他："但是你依然不敢选择离婚，这背后一定还有别的什么原因吧？"

◇ 资源挖掘者

心理咨询实际上是咨询师引导来访者用其自身的优势资源来帮助来访者自己成长，所以有的时候，咨询师会发现来访者自己都没有觉察到的资源。比如面对一个经历家暴已经超过三年的来访者，咨询师会问："是什么力量，让你支撑了那么久？"再比如，咨询师会问一个厌学的来访者："我看到你已经有一年多的时间不去学校了，但似乎你并没有沦落成为街头的小混混，是什么力量让你保持到现在？"

平等的合作者

◇ 决策权归来访者

心理咨询师不替代来访者做决定，给来访者把控自己人生的权利。比如，在一段时间的咨询后，咨询师说："咨询到这里，问题已经比较清晰了，你是愿意继续努力和爱人好好沟通，还是打算今后过自己的日子？最后由你来定。"

◇ 合作制订方案

心理咨询中的治疗方案，一定要跟来访者共同商讨，因为只有当事人自己才最清楚什么方法适合自己。比如："最后我们要为今天的咨询留一个家庭作业，你打算如何面对自己不敢当众发言的问题呢？想一个练习方案，我帮你完善。"

细节观察者

◇ 防御机制解构者

咨询中的任何反复、纠结、犹豫背后都有意义。咨询师会非常敏锐地捕捉这一点，并且将其呈现给来访者。比如："我发现我们已经是第 3 次修改今天的咨询目标了。这后面一定有什么特殊的力量在让你犹豫，不能踏踏实实地坚持下去。"

◇ 关系模式放大镜

咨询过程当中，咨询师与来访者之间的关系是动态变化的，所以咨询师应该时刻去关注这之间的波动。比如，咨询师问来访者："自从刚才我不经意间提及你为什么不愿意去爷爷家过年，你说话就开始提不起精神，似乎总是放不下什么。"

真实的榜样

咨询师要坦然接受"我不知道"，拒绝以专家的模式或以老师的口吻说话，做一个坦坦荡荡的人。这不仅有利于咨询，更有可能使咨询师成为来访者的榜样。比如，咨询师对来访者说："你刚才所说的问题，我确实没有类似的经验，但是我希望跟你一起探讨总结出结果。"

心理咨询师的终极目标是帮助来访者成为他自己想成为的那个人，成为他自己的主宰者。那么在咨询的全过程，咨询师的身份将是变化的，刚开始是来访者的情绪器皿，中间成为来访者的教练导师，最后是来访者成长的见证者。

心理咨询的神奇与无奈，
你知道多少

今天心情不好，要不要立即去看心理咨询师，做个心理按摩？其实并不需要。大多数人都有自我调节能力，小小的情绪波动，无须心理咨询，会自动痊愈。找工作很久了，找不到，我想让咨询师给我介绍一份好工作，可以吗？不行哦，这显然超出了咨询师的工作范畴。那么，究竟哪些是心理咨询师可以做的？哪些又是他所不能做的？接下来就来聊一聊这个话题。

心理咨询的"超能力"清单

◇ 它能为你提供的核心帮助

1. 情绪避风港
当焦虑像潮水般涌来时，咨询师会教你制作"情绪救生圈"（如呼吸调节技巧）。比如，当你需要处理对亲人离世的悲伤时，咨询师不会阻止你哭泣，但会防止你被悲伤淹没。

2. 认知调整

心理咨询能帮你识别那些让你陷入困境的"思维病毒"（如"我必须完美"），并给你安装"杀毒软件"。比如，将"我搞砸了项目，我是个废物"调整为"这次失误说明我需要加强时间管理"。

3. 看清关系

心理咨询能帮你看清亲密关系中的"互动舞蹈"（如总在重复"追-逃"模式），并尝试新舞步。比如，帮你发现每次伴侣晚归你都会愤怒，可能源于童年对父母缺席的恐惧。

4. 行为挑战

咨询中，咨询师会设计安全的"行为实验"，像科学家一样验证你的恐惧是否真实。比如，让害怕社交者尝试主动微笑打招呼，收集他人反应的客观数据。

5. 自我探索

咨询中，咨询师会绘制你的内心世界地形图，并标注"情绪火山""价值绿洲"等重要地标。比如，通过沙盘游戏，发现你对权威的恐惧竟源于小学老师对你的当众批评。

◇ 独特工作方式

1. 不是直接给答案，而是培养找答案的能力

像教钓鱼而非送鱼，咨询师会问"如果用0~10分评价，这个方案的可行性是几分？"而非说"你应该这样做"。

2. 聚焦过程而非结果

重点不在于"能否升职"，而在于"当面临竞争时，你的

身体反应和思维模式是怎样的"。

3. 关注内在改变而非控制外界

不承诺让伴侣回心转意，但可以帮助来访者重建被背叛后的自我价值感。

心理咨询的"能力边界"

◇ 不能替代的领域

1. 医疗治疗

心理咨询无法开具药物，如治疗抑郁症的药物等；但心理咨询师可以与医生合作，处理药物依赖性，配合做心理方面的疏导。

2. 现实问题解决

心理咨询不能直接帮你找工作或通过司法考试，无法直接解决现实问题；但可以改善"经济压力引发的失眠"或"考试焦虑导致的记忆减退"。

3. 他人改变

心理咨询无法让你固执的父亲接受你的职业选择，因为他不是你本人；但能帮助你从"必须获得父亲认可"的痛苦中解脱。

4. 不科学的事情

心理咨询不能抹去创伤记忆，但可以改写记忆的"打开方式"，就像把恐怖片转码成教育纪录片。它可以重新构建一件事情对于个体的价值，使个体将创伤记忆当作经验或是一段普通的记忆。

◇ 边缘问题需要他人配合

1. 危机干预

危机干预不属于一般咨询，当发现来访者有自杀风险时，咨询师需联系危机干预热线。

2. 严重精神障碍

精神疾病超出心理咨询范畴，需要以精神科医生主导治疗，咨询作为辅助。

把"不能"的问题变成"能"

◇ 常见问题转化示例

问题一："让我老公回心转意。"这是"改变他人想法"，是很难实现的，可将问题改为"重建自我价值感，发展独立生活能力"。

问题二："消除所有焦虑。"我们做不到"完全消灭情绪"，但是可以建立焦虑耐受度，学会与适度焦虑共处。

问题三："找到人生终极答案。"这是追求确定性，可以改为提高对不确定性的容纳力。

问题四："忘记痛苦回忆。"我们无法"消除记忆"，但是可以重塑创伤记忆的意义，降低情绪敏感度。

◇ 自我转化三步法

步骤 1：解构问题

问自己："这个问题背后，我最想缓解的感受是什么？"

比如："想辞职"背后可能是"对失败的恐惧"或"价值感缺失"。

步骤 2：动词转换

把"解决 × × 问题"改为"应对 × × 带来的 × × 影响"。

比如："解决工作压力"改为"改善压力引发的坏情绪"。

步骤 3：尺度调整

从"彻底消除"变为"可接受程度"。

比如："完全克服社交恐惧"调整为"能在小组会议中清晰表达观点"。

◇ 角色和心态储备

在心理咨询中，你不是病人角色，而是探索伙伴。咨询师与你的关系就像健身教练与学员：教练设计方案，但需要你完成训练。

同时，在咨询中，要允许暂时"无效"。前 3 次咨询可能像整理杂乱房间，表面看起来并没有达到彻底整洁，实则在进行深度清理、分类，为最终效果做铺垫。

何时该考虑其他帮助？

身体症状明显，优先排查是否有器质性病变，确认是不是生理疾病，排查后再做心理咨询；需要法律介入时，联系律师处理家暴 / 经济纠纷；遇到紧急危险状况，如来访者有自杀自残或伤害他人的行为，应该立即拨打 110 或 120。

心理咨询就像心灵健身房——它不能替你锻炼，但能设计最适合你的训练方案；它无法保证完美体型，但能让你更强壮地面对生活挑战。心理咨询的本质，是帮助来访者获得"带着问题生活的能力"，而非承诺消除所有痛苦。就像骨科医生无法保证患者永不摔跤，但能教会患者如何正确行走与跌倒后站起。理解这种"有限度的治愈"，可以降低我们对心理咨询的高要求和不切实际的想法。

"眼缘"重要吗？选咨询师，靠感觉还是靠科学

很多朋友问我：白老师您在业内做了二十多年，如何分辨一个咨询师是否优秀？是看咨询师的出身，比如证书、受训时长，还是看他们做过的案例个数？数据越好看，咨询效果难道就越好吗？

首先，我们行业确实有一些拿证到"手软"的咨询师，不过这些证书只能代表他们的"知识阅历"，不能代表咨询经历。

　　那么做过的案例数量，可以等同于咨询经历了吧？只可以部分等同，但不能完全等同。心理治疗和身体治疗的不同就在这里，身体病症的治疗流程标准化，医生成功病例越多，越能代表他在这个领域的熟练和专业。但是，每个人的心理都是不同的，同样的症状背后可能的因素不唯一，咨询师使用的疗法和来访者的匹配度等其他因素也会产生影响。所以，咨询师的优秀与否可以通过数据判断，但适不适合自己，则需要亲身感受，要看感觉的。

　　下面，我们就具体聊一聊如何选择不仅优秀而且适合自己的咨询师。

技术和经验，优先选择哪一个？

　　心理咨询师通常会根据自己的咨询流派或使用的疗法来标示自己的技术取向，比如精神分析流派、认知行为流派、艺术疗法（舞动疗法、绘画疗法等）、萨提亚家庭治疗等。同时，咨询师还会用主要处理的来访者的类别或问题方向来区分工作领域，比如家庭咨询师、职业心理咨询师、婚姻咨询师、青少年心理咨询师、学习问题咨询师……

　　在众多分类中，如何找到最适合自己的那个呢？我以为，首先是看他从业的领域。换句话说，我们要处理婚姻问题，肯定优先找婚姻咨询师，而不是青少年心理咨询师。这是因为他的**经验比技术还要重要**，在某个领域见得多，积攒的经验自然多，看问题就会更准确，既不会把稀松平常的小问题夸大，也不会贻误治疗时机错过最佳治疗点。

就拿我自己举例吧。我是一个以处理家庭问题，尤其孩子心理问题为主的心理咨询师。那么我的案例就大部分来自这个领域，由于接触的案例多了，所以来我这里咨询的爸爸妈妈很容易跟我产生共鸣，只需要进行简单交流，他们就能知道我是很懂他们的。

其次，要充分利用首次咨询或者咨询师提供的"咨询预诊"时间，快速解读这个咨询师是不是有足够的经验。

这里稍微解读下"预诊"的概念：一般比较亲和的咨询机构会在接待首次来访的来访者时安排一个专业咨询师，他不一定是你的最终咨询师，但绝对不是一个没有专业背景的前台。通过简单的沟通，咨询师立刻可以给你一些反馈和初步判断，通过这些反馈，就能判断这个机构是不是真的靠谱。

还有的机构，比如我自己的，是由最终咨询师直接对接做预诊，聊上 20~30 分钟，就能判断问题大致方向以及需要怎么进行咨询。这个环节是免费的（有的机构是低资费），来访者利用好这个咨询前奏，不仅可以初步判断咨询师的阅历，还能感受咨询师的说话风格是不是自己喜欢的。

注意，一定要找到同频感（共鸣），不要受到其他任何因素干扰，如果只是看到其光鲜的证书和毕业的院校就慕名而来，你很有可能会成为听他上课的学生而非来访者。他也许会说得头头是道，但你却很难吸收和执行他的咨询计划。与好的咨询师交流起来应该是轻松的，你会愿意跟他多说又不会流于表面，他不会让你感觉到压力。

接下来做个简单总结吧：

　　首先，认同咨询师这个人。最好能够直接跟他交流不少于20分钟，了解他的流派、他的阅历、他的表达风格，他应让你完全感到舒服。舒服的感受，能变成改变的动力。记住，我们不是来上课的，是来寻求合作的，咨询关系接近于顾问模式，较为平等。

　　其次，经验比技术更重要。不妨问下他接触过的案例情况，了解其过往的判断和治疗过程，这要比只是了解个数多少有效得多。因为通过过往案例可以知道咨询师的工作节奏是不是符合你的价值观。心理咨询是基于人进行的工作，不能只尊重技术而忽略人性。所以，一味为了治疗而治疗的咨询师，少了人情味，是不能选的。与他一同工作，短期也许会奏效，但是长期会出现反复（就是无效）。

　　最后，收费是可以长期承担的，不要一味求便宜。心理咨询工作微妙之处是，让来访者获益的过程，也是体现咨询师价值的过程。没有咨询师会长期用和自己能力不对等的价位做咨询。所以，那些促销和低于市场平均价格的咨询，可以做一两次，不要长期做。而持续一年以上的心理问题，通常咨询时长都不少于1个月。

　　所以，这是一个慢慢释放能量和看到产出效果的过程。贪图一两次的低价可以，长期低价是违背咨询师的内心需要的。当咨询师的内心需要达不到满足时，他在工作中就会出现纰漏和失误。此时有损失的是来访者，而咨询师（资历不高的咨询师）自己可能都不一定能觉察。所以，能不能花得起咨询费是在咨询之初必须考虑的因素之一。

别急着躺平！心理咨询前，
你需要知道的事

当你已经准备好要认认真真地做一次正规心理咨询的时候，就意味着你一定是有一些自己和旁人无法解决的心理方面的问题。首先，恭喜你迈出了第一步，为了更好地实现你的愿望，我们就具体看看，在去见你的咨询师之前，我们应该做哪些准备工作。这包括心理上的准备，还有其他咨询准备。

有人会说，做个咨询还要做什么准备？直接去就行了。去进行心理咨询和去医院不同，咨询师会需要你配合，了解你的生活和过往经历、原生家庭等信息。如果我们能够在去之前准备充分，就可以在正式咨询时，提供更有价值的信息；同时保证咨询顺利、舒心地度过。因为，没有一个好的心态储备，很难想象心理咨询能产生什么好的结果。

接下来，让我们一同深入探讨心理咨询前需要做好的各方面准备吧。

保持放空，接受自己的一切

◇ 做心理咨询，不代表我有病

大多数人会认为，去看心理咨询师就一定是自己有心理疾病。其实，就算平常有些没想明白的困扰，比如同事关系不好、和家人容易产生分歧之类的，都可以去看看心理咨询师。没有人规定问题必须严重到什么程度，才能敲响咨询室的门。

要正视自己，不逃避、不否认，承认心理问题是自己目前状态的一种表现形式。实际上，每个人在人生的不同阶段都可能会遇到各种心理挑战，这是正常的。比如，因工作压力导致的焦虑情绪、亲密关系中反复出现冲突所带来的痛苦等。只有勇敢地直面问题，才能迈出解决问题的第一步。当我们能够客观地认识到自己的心理状态，不再对心理问题遮遮掩掩，才能更坦然地走进咨询室，与咨询师共同探讨解决方案。

◇ 放下不合理期待

认清了自己后，就要来正视一下心理咨询了。它不是魔法，无法在短时间内彻底解决所有问题，也不能直接告诉我们人生的答案。有些来访者期望在一两次咨询后，所有的烦恼都烟消云散，这种不合理的期待往往会在咨询过程中带来失望。我们要明白，心理咨询是一个循序渐进的过程，需要时间和耐心。它更多的是引导我们自己去探索内心世界，找到问题的根源，从而学会应对问题的方法。比如，一个长期受抑郁情绪困扰的人，可能需要经过多次咨询，逐步调整自己的思维和行为模式，才能慢慢走出抑郁的阴霾。所以，在咨询前，要放下不切实际的期待，做好长期努力的准备。

◇ 保持开放心态

何为开放？就是在咨询过程中，我们要接受咨询师的引导和探索。即便会涉及一些可能让自己感到不舒服或难以面对的话题，比如童年的创伤、内心深处的恐惧等，我们也要克服内心的抵触情绪，积极配合咨询师的引导，勇敢地表达自己的真实想法和感受。因为只有坦诚地呈现自己的过往和所思所想，才能让咨询师更全面地了解我们，从而提供更有针对性的帮助。另外，对咨询师所提出的观点和建议，也要持开放的态度，尝试以新的角度去理解和思考。

了解自己，明确想要什么

◇ 了解自己当下的困扰

在咨询前，可以先花点时间梳理下自己的困扰。比如可以用笔记录下自己近期的情绪、行为以及遇到的具体事件。比如，最近频繁出现的焦虑情绪，一般都是在什么情况下出现的，每次持续多长时间，是否伴随着身体上的不适等。这些信息，能让我们在咨询时更快速准确地向咨询师描述自己的问题。

同时，回顾自己以往应对类似问题的方法和效果，也能为咨询提供有价值的参考。注意观察自己在不同情境下的情绪反应，以及这些情绪是如何影响自己的行为和决策的。比如，当与同事发生矛盾时，留意自己是愤怒、委屈还是其他情绪，这种情绪是如何促使自己做出回应的。通过这种觉察，我们能更敏锐地捕捉到自己的情绪问题，在咨询中与咨询师深入探讨情绪背后的原因和应对方法。

◇ 反思过往经历

心理咨询中，大多数都要问及幼年及学生阶段的重大事件或者印象最深的事情。通过追溯过去，一方面可以了解来访者的背景信息，另一方面可以给来访者的性格、价值观、做事风格等找到佐证。所以，如果能够在咨询前，自己先梳理一遍过往经历，就可以在咨询中较顺利地回应咨询师的提问。

◇ 明确咨询目标

在正式开始心理咨询前，可以先思考一下自己希望通过心理咨询达到什么样的目标：是缓解当前的情绪困扰，如焦虑、抑郁等；还是解决具体的人际关系问题，如亲子关系、恋爱关系等；或是寻求个人成长，提升自我认知和心理韧性。明确的咨询目标能让我们在咨询过程中更有方向，也便于咨询师根据我们的目标制订合适的咨询方案。例如，如果我们的目标是改善与父母的沟通方式，那么在咨询中就可以围绕这个目标，与咨询师共同探讨有效的沟通技巧和方法。

为咨询准备良好的条件

◇ 合理安排时间

心理咨询其实是一种既需要全神贯注又能放松的活动，所以来访者要确保自己在咨询期间有足够的时间和精力。应提前规划好时间，避免与其他重要事务冲突。最好在咨询前后，都不安排重要事情或者工作。这样可以尽可能减少牵绊或者挂念，全身心投入咨询。

◇ 营造舒适空间

如果是线上咨询，可以提前为自己营造一个安全、安静、私密舒适的空间。确保在咨询过程中既不会被他人打扰，也不受到周边环境的干扰。可以选择一个舒适的房间，拉上窗帘，让自己在一个只有自己的环境中与咨询师畅聊。

如果是线下咨询，不妨提前几分钟到达咨询室，熟悉下咨询室的位置和周边环境，避免因匆忙赶路而产生紧张情绪。

总结一下，咨询前的准备无非就三个方面：心态、内容、条件。良好的心态，准备咨询需要的信息，以及创设利于咨询的外界环境，三者缺一不可。

直击痛点还是温柔陪伴，
咨询师的风格你选对了吗

"短程咨询看技术，长程咨询看风格。"这句话的意思是，想要做到长期跟随同一个咨询师成长或完成较为复杂的咨询，不光要看技术，还要看咨询师的性格（个人风格）与自己的匹配度。

有效且舒服的咨询，往往是每个来访者可遇不可求的期待。但我想说，这种舒服的咨询，主要来自咨询师与你的人格匹配，也就是找到那个最适合你的咨询师。

为了更具体探讨，我们将心理咨询师的风格区分为两大类：随和的与当机立断的。这是两种截然不同的人格风格，各有其独特之处，也适合不同需求的来访者。接下来，让我们深入了解这两种风格的特点，以及如何根据自身情况做出恰当的选择。

随和的咨询师：温暖包容的陪伴者

随和的咨询师，给人一种温暖、舒适的感觉。他们总是面带微笑，耐心倾听来访者的每一句话，不轻易打断。在交流中语气轻柔、态度温和，让人能够充分感受到被尊重和接纳。无论来访者表达何种情绪，哪怕是最负面、最难以启齿的，他们都努力给予理解和包容，营造出安全、放松的咨询氛围。

◇ 个人优势

1. 建立信任更迅速

这种随和的风格使得他们能够迅速与来访者建立起信任关系。例如，我接触过的某些不够自信的来访者，在咨询开始时不敢表达自己的想法，有时紧张得手脚都不知道该往哪儿放。这种情况下，我通常会先随便聊两句闲天，然后自然地进入咨询，通过温和地询问、专注地倾听，慢慢带动来访者。来访者通常都能够逐渐放松下来，愿意敞开心扉分享自己的困扰。一次咨询下来，来访者就能够对咨询师产生深厚的信任，可以更加深入地探讨自己内心的问题。

2. 共情理解更到位

当来访者在表达事件时，情绪比较饱满，或者需要情感上的慰藉，我通常会先耐心地陪伴他，听他哭诉事件的细节和内心的痛苦，适时地给予安慰和鼓励。在咨询师亲人般的陪伴下，来访者的情绪逐渐稳定，并且开始重新审视这段情绪背后的核心问题。

◇ 匹配类型

1. 情绪困扰类问题

对于那些因情绪问题而寻求咨询的人，如焦虑、抑郁患者，或者是在婚姻、生活中遭受重大打击，情绪容易低落的人，随和的咨询师是很好的选择。他们能够给予来访者充分的情感支持，帮助其缓解情绪压力，逐渐走出负面情绪的阴霾。

2. 性格内向、敏感人群

性格内向、敏感的人在表达自己时，通常比较慢热且会有所顾虑，担心被批评或不被理解。随和的咨询师能够以更耐心和包容的态度，引导他们打开心扉，让他们在舒适的氛围中表达自己内心的想法和感受。

当机立断的咨询师：果断有力的引导者

当机立断的咨询师，具有明确的目标和强烈的行动力。在咨询过程中，他们不会浪费过多时间在无关紧要的话题上，而是能够迅速抓住问题的关键，直接切入主题。他们的语言简洁明了，态度坚定，更职业化。对于来访者的问题，更能够迅速给出针对性的建议和解决方案，引导来访者朝着明确的方向前进。

◇ 个人优势

1. 高效解决问题

这种风格能够在较短的时间内帮助来访者找到问题的核心，并制订有效的解决方案。

比如，小张在职业选择上陷入了两难的困境，一方面是自己热爱但收入不稳定的创业机会，另一方面是父母期望的稳定公务员工作。

当机立断的咨询师通过与小张深入探讨，分析他的优势、兴趣和职业前景，迅速帮助他梳理出了各个选择的利弊，并给出了明确的建议。在咨询师的引导下，小张很快做出了决定。

2. 激发行动

对于那些缺乏行动力，总是犹豫不决的来访者，当机立断的咨询师能够给予他们强有力的推动。

比如，小赵一直有减肥的想法，但总是三天打鱼两天晒网，无法坚持下去。咨询师为他制订了详细的减肥计划，并严格监督他执行。在咨询师的督促下，小赵逐渐克服了自己的惰性，坚持按照计划进行锻炼和饮食控制，最终成功减肥。

◇ 匹配类型

1. 决策困难类问题

在面临重大决策，如职业选择、婚姻抉择等问题时，当机立断的咨询师能够凭借其专业的分析能力和果断的决策风格，帮助来访者理清思路，做出正确的选择。

2. 目标导向型问题

如果来访者有明确的目标，如提升工作效率、改善人际关系等，当机立断的咨询师能够制订具体的行动计划，帮助来访者朝着目标前进，实现自我提升。

如何根据自身情况选择合适的咨询师风格？

◇ 思考咨询目标

在选择咨询师之前，要先明确自己的咨询目标是什么。如果是为了缓解情绪，寻求情感上的支持，那么随和的咨询师可能更合适；如果是为了解决具体的问题，做出明确的决策，当机立断的咨询师或许能更好地满足需求。例如，如果你因为工作压力大而感到焦虑，想要找个人倾诉并缓解情绪，那么随和的咨询师会是不错的选择；但如果你正面临职业转型，需要具体的建议和规划，当机立断的咨询师可能更能帮到你。

◇ 考虑自身性格特点

自身的性格特点也会影响对咨询师风格的适应程度。性格内向、情感细腻的人，可能更容易与随和的咨询师建立良好的关系；而性格开朗、行动力强的人，可能更能接受当机立断的咨询师的风格。

选择心理咨询师的风格，就像是寻找一位灵魂契合的伙伴，需要综合考虑多方面的因素。随和的咨询师和当机立断的咨询师各有其独特的魅力和价值，没有绝对的好坏之分，只有是否适合自己。通过了解自己的需求和偏好，我们一定能够找到那位最能理解自己、帮助自己成长的咨询师。

生命的拼图一定受
童年底色干扰吗

你一定好奇咨询师为什么总是要问你的童年，问你幼年和爸爸妈妈究竟是怎么生活的？这和今天的你难道关系如此之大吗？或者说一个人的今天就是由童年决定的吗？当然不全是。咨询师问你的童年，是想了解今天的你，并不是把所有的责任都归于童年。

童年是"影响因素"之一，而非唯一"答案"

以心理动力学疗法牵头的一大类分析疗法，通常会认为童年经历（尤其是与重要他人的互动）确实可能塑造我们感知世界、建立关系、应对压力的方式。例如，幼年缺乏安全感的孩子，成年后可能在亲密关系中更易焦虑；被过度苛责的人，可能会内化"我不够好"的自我认知。

晓琴在公司是一位高管，每天都会给自己巨大的压力。经咨询后发现，她从小就被父母要求做一个"百分学生"，一旦没有达到就会惩罚她。开始她也反抗过，但是没有用。为了保护自己，她慢慢就内化了这种超高要求。后来，不管做什么事情，她都要做到极致，哪怕身边人都觉得可以了，她依然会觉得还不够好。这样的人，长大后总会给自己预设"做事必须完美，差之毫厘就等于不及格"的内心逻辑。

心理问题的形成是"多线交织"的过程

但是，幼年的这些影响也并非"注定"，而是像种子需要土壤才能生长，后续的环境、经历和选择，同样决定着它如何生根发芽。随着现代心理学的发展，我们可以用"生物－心理－社会模型"更全面地理解心理问题，这就意味着除了我们的过去，还有其他因素在影响今天。

生物学因素：如遗传特质、神经递质水平，可能让人对某些情绪更敏感。

心理机制：如应对方式、思维模式，"滤镜"般影响我们解读过去和现在的经历。

社会环境：如成年后的创伤、长期压力，可能触发或加剧痛苦。

童年或许是这条长链中的一环，但很少是唯一的一环。

有一个来访者方芳，她在幼年就和爸爸一起拯救过"有成瘾"经历的妈妈。早年她的婚姻也不幸福，总碰上一些"瘾君子"，她在关系中习惯去扮演拯救者。后来，她遇上了一个有耐心、品行好的男性。一来二去，方芳慢慢褪去了拯救者的身份。

除了优秀的伴侣可以"重写"幼年的"记忆"，开明的公司氛围同样可以扮演"思维模式剪刀手"。

那个总是替同事背黑锅的来访者，发现自己的过度负责源于童年照顾酗酒母亲的经验——但真正改变她的，是跳槽到倡导"容错文化"的科技公司后，第一次听到上司说"这个漏洞是整个团队的学习机会"。

所以，成年后的亲密关系或工作环境治愈了她们的童年。谁说童年决定一辈子的？

"追溯过去"的意义在于理解，而非定罪

心理咨询必须先了解你是个什么样的人，这样才不会只见事件症状而不见人。而探索童年不是为了指责父母或沉溺于"如果当初"，而是为了：

1. 觉察模式

发现某些重复出现的情绪或行为，是否与过去的"生存策略"有关。例如，讨好他人可能曾是保护自己免受批评的方式。

2. 打破循环

当我们理解这些模式如何形成，便有机会用新的经验去覆盖旧的反应。

你永远拥有"此时此地"的力量

神经科学发现，大脑具有"神经可塑性"，即使成年后，我们仍能通过新的体验重塑思维和情绪反应。这意味着：过去的经历会影响你，但不能定义你；当下的选择，比如寻求帮助、练习自我关怀，才是改变的关键起点。

个体自身的心理因素也是影响心理健康的关键因素。心理因素宛如一个人内心深处的坚固盾牌，它决定了我们在面对困难和挫折时的承受能力与恢复能力。

有些人即便在童年时期经历诸多不幸，但凭借较强的心理功能，能够在成长过程中逐步克服这些负面影响，维持相对健康的心理状态。他们或许通过自身的不懈努力学习、积极主动的自我调节以及来自他人的支持与帮助，成功化解了童年创伤引发的心理危机。相反，一些人尽管童年生活相对顺遂，但由于心理脆弱，在面对成年后的一些普通生活压力时，也可能会不堪重负，进而产生心理问题。

来访者妮妮在童年时曾被父母短暂寄养在亲戚家,那段经历让她深深感受到被抛弃和孤独的痛苦。然而,她从小性格坚毅,善于自我调节。在成长过程中,得知自己的情绪跟幼年相关,于是她通过广泛阅读、积极参加社交活动等方式不断充实和提升自己,逐渐走出了童年的阴影。成年后的她事业有成,家庭幸福美满,心理状态十分健康。

而闹闹虽然童年生活无忧无虑,有个很好的成长环境,但他性格脆弱,缺乏应对挫折的能力。在工作中仅仅因为一次小小的失误被领导批评,就从此一蹶不振,陷入长期的抑郁情绪无法自拔。

如果你愿意,咨询师可以和你一起探索

在咨询中,咨询师会和你一同回溯过去、分析过去,帮你了解:

哪些经历对你影响最深?它们如何与你的现状互动?又有哪些资源能帮助你走向更灵活的生活方式?

答案或许不会立即出现,但每一步觉察都是成长的契机。

也就是说,势必要先找到影响你的过去,判断过去经历对你现在的干扰,然后从今天起寻找能改变你的资源(社会资源、关系资源),把你变成自己人生的"园林师"。我们确实决定不了自己的过去,但我们一定可以改变自己的未来。

选男还是女？咨询师
性别是咨询的关键吗

有些来访者总是在选择咨询师性别的问题上犹豫。他们可能会觉得同性咨询师更容易交流，或者异性咨询师更容易理解自己的不容易。也有人会认为女性咨询师更温柔，男性咨询师更果断。性别选择也许是一种偏好，但真的是决定咨询效果的关键吗？

为什么我们容易纠结咨询师的性别？

◇ 文化中有对性别的刻板印象

人们可能会认为，女咨询师更温柔，容易共情，男咨询师更理性，比较权威。事实上每个咨询师都不同，其风格由其自身的特质决定。比如我是个男咨询师，但是我的耐心超出一般女咨询师；我有一个好朋友（女性咨询师），其性格非常爽朗，她比我更理性，也更容易给来访者树立权威感。

◇ 自己过往经历的投射

如果你曾经在跟异性的交往过程中有过创伤，比如经历过被父亲否定，或被前男友伤害，那么就别说选择咨询师了，哪怕只是选择同事或合作者，都会产生一种天然的对异性的本能抗拒。而这种抗拒本身，其实就是咨询当中重要的治疗素材，是很值得与咨询师共同讨论的。我们是来解决问题的，暴露问题是解决的第一步。

◇ 对咨询的误解

很多人觉得咨询就是聊天，找一个符合自己性别偏好的咨询师，可能更容易亲近，更容易获得情感支持。但实际上咨访关系是一种专业的合作关系，而咨询师的任务，更多的是帮你发现盲区、促成改变，而并非是简单的情感支持。所以，能力远大于性别。

性别不是关键，什么才是？

◇ 专业能力和经验

专业角度的评量主要从以下三方面进行。

咨询师的**受训背景**。比如，是否有心理学的学习背景，是否经过长程培训。

咨询师**擅长的领域**。主要考虑其专长是否和你的问题匹配。

咨询师的**个人经验**。比如，咨询的累计时长超过 1000 小时。

经验方面可以通过询问深入了解。比如，可以问咨询师是否处理过类似的情况，并进一步了解他具体是怎么解决的。还可以询问他常用的擅长的咨询疗法是什么，看是否匹配自己。

◇ 咨访关系的匹配度

在咨询中，重要的是你是否感觉到被倾听和被理解，你是否愿意对这个咨询师敞开心扉，你是否愿意尝试咨询师建议的方法。

◇ 咨询师的人格特质

咨询师重要的人格特质包括：**共情力**，即是否能让你感觉到被真正理解；**真诚度**，这是能否建立信任的基础；**开放程度**，即是否能够接纳你所有的感受与选择；**敏锐的洞察力**，即是否能帮你找到盲区并出手改变。

什么时候性别很重要？

我相信大多数人选择咨询师时考虑性别因素，不是在考虑性格或者是外貌因素，而是在某些尴尬的话题上，想找到更容易表达的对象。如果来访者经历过性方面的创伤或是来访者想讨论跟性有关的话题，那么他在对待特定性别问题上，会期望更多安全感。

解决方案：优先选择在性心理方面有经验的咨询师，无论什么性别。因为性心理是心理咨询当中的一个专项领域，有些咨询师在这方面更有知识和经验，应该优先选择。

如果在性方面需要成长，其实也可以通过选择咨询师的性别来疗愈自己。暴露问题是解决问题的第一步，越是抵触的性别，越要去选择。当然，开始时可以从抵触较小的性别开始适应。比如，如果对异性咨询师有强烈的抵触，可以先从同性咨询师开始逐步过渡，用这种方式进行脱敏治疗。

文化或地域背景的特殊性也会导致异性之间有时候很难敞开心扉，有些大男子主义的来访者很难在女性面前展现自己的脆弱。如果有类似的情况，可以直接跟你的咨询师讨论这样的顾虑，并且通过初步的咨询来测试咨询过程是否顺利，如果确实不合适，可以考虑更换咨询师。

避免用性别选择来回避咨询

避免反复因为性别不符而更换咨询师。不要因过分关注咨询师的性别，而忽略其专业能力，最终因找不到适合自己的咨询师，拖延了咨询时间。

如何避免这种模式的产生？可以用以下方法：

明确自己的需求，写下你希望通过咨询解决的问题，比如缓解在职业方面的压力；列出对咨询师的期待，比如希望他在性心理方面有一些经验。根据需求找咨询师，而不是根据性别找咨询师。

可以先尝试再决定。 万一自己无法找到合适的咨询师，又偏好某种性别，可以先做两次初始访谈，感受自己和咨询师的匹配度。关注咨询师的回应方式和自己的收获，避免过多关注性别本身。

直面自己的恐惧。 真正的咨询是要在暴露的前提下去解决问题，这样才容易产生治疗效果。所以不妨问一下自己这种对某种性别的反感从何而来。它是否反映了我们在人际关系当中的某种特殊的无助呢？真正的咨询是面对问题、解决问题，所以我们在了解自己的问题以后，应该找到那个不适应的性别的咨询师，更利于开展咨询。

选咨询师的本质是什么？

心理咨询的过程，本质上是你借助一段和咨询师之间的安全关系，去看待自己、理解自己和超越自己。而咨询师的性别只是选择"搭档"的一个因素，真正决定咨询效果的应该是你是否愿意敞开心扉，咨询师是否有能力接住你的情绪，以及你们是否能够共同创造改变的可能。

如何提出你的心理问题？
心理咨询是双人舞

咨询中要解决的问题是由来访者主动提出，还是由咨询师发现并跟来访者确认？一般来访者都认为咨询师更专业，所以容易依赖他的判断，觉得跟随专家走是没错的。但其实问题只有自己才最了解，疼不疼、难不难受，往往是再专业的咨询师也没有来访者更懂来访者自己。咨询的过程犹如双人舞，咨访两人各有自己的角色和任务，以下我们就具体展开说明。

心理咨询中的问题提出：你的角色与咨询师的角色

◇ 你的角色：主动表达

你是自己生活的专家。只有你最清楚自己的感受、经历和困扰。咨询师无法"读心"，需要你提供线索。比如，与其等待咨询师发现你的社交焦虑，不如直接说："我在聚会中总感觉被孤立。"

提出问题是咨询的起点。就像去医院看病，描述症状越具体，医生越能准确诊断。比如，与其说"我最近心情不好"，不如说"过去两周，我每天下午都会无缘无故流泪"。

◇ 咨询师的角色：协助探索

帮你梳理模糊的感受。当你说"我觉得生活一团糟"，咨询师会问："是工作、关系还是健康方面最让你困扰？"

发现潜在的重要问题。有时你提出的问题只是"冰山一角"，咨询师会关注水面下的部分。比如你抱怨自己"总是迟到"，咨询师可能会发现这一情绪背后的完美主义倾向。

如何识别和表达你的心理问题？

◇ 识别问题的信号

情绪信号：持续的低落、焦虑、愤怒或麻木。比如，连续两周对平时喜欢的活动失去兴趣。

身体信号：失眠、头痛、胃痛等无明显生理原因的躯体症状。比如，每次开会前都会胃痛。

行为信号：回避社交、暴饮暴食、拖延等。比如，为避免与人交谈，开始频繁请病假。

思维信号：反复出现负面想法或难以集中注意力。比如，总是担心"我会被解雇"，即使工作表现良好。

◇ 表达问题的技巧

使用具体例子。不要说"我沟通能力差"，而是说"昨天开会时，我想发言，但紧张得说不出话"。

描述影响程度。用 0~10 分评价问题的严重性。比如，"我的焦虑程度是 8 分，已经影响到工作"。

区分事实与感受。事实："我上周迟到了 3 次。"感受："每次迟到我都觉得自己很失败。"

咨询师如何发现潜在问题？

◇ 通过提问探索

开放式问句："你提到工作压力大，能具体说说是什么让你感到压力大吗？"

假设性问句："如果这个问题解决了，你的生活会有什么不同？"

情感聚焦问句："当你想起那件事时，身体哪个部位有反应？"

◇ 观察非语言线索

语气与表情：提到某个话题时声音颤抖或表情僵硬。

身体语言：谈论家庭时双手紧握或身体后倾。

叙述模式：反复使用"必须""应该"等词汇，可能暗示完美主义倾向。

◇ 使用专业工具

心理量表：用标准化问卷评估抑郁、焦虑等的程度。

投射技术：通过沙盘、绘画等非语言方式探索潜意识。

如何与咨询师合作探索问题？

◇ 建立信任关系

坦诚表达。 即使问题让你感到羞耻，也要尽量如实描述。

反馈感受。 如果咨询师的提问让你不适，可以直接说："这个问题让我有点紧张。"

◇ 参与问题设定

共同制订目标。 与咨询师讨论："我希望通过咨询改善睡眠质量。"

定期评估进展。 每月回顾："我的焦虑程度从 8 分降到了 6 分，但社交回避仍然严重。"

◇ 主动提出疑问

询问咨询师的观点。 "您觉得我总是否定自己，可能是什么原因导致的？"

讨论潜在问题。 "您刚才提到我的完美主义倾向，能详细解释一下吗？"

特殊问题处理

◇ 如果我不确定自己的问题是什么

从描述感受开始。 "我不知道具体问题，但最近总是莫名烦躁。"

让咨询师帮你梳理。咨询师会通过提问帮你聚焦:"这种烦躁在什么情境下最明显?"

◇ 如果咨询师提出的问题我不认同

表达你的看法。"我不确定这个问题对我是否重要,我更想先解决工作压力。"

共同探讨差异。咨询师会解释:"我关注这个问题,是因为它可能影响你的工作表现。"

◇ 如果问题难以启齿

逐步试探。先描述外围信息,比如"我有个朋友遇到这种情况",再过渡到自身。

使用隐喻。用比喻表达:"我觉得自己像被困在笼子里的鸟。"

准备咨询的实用工具

◇ 咨询前自我评估表

领域	问题示例	评分(0~10)
情绪状态	最近一周的总体情绪如何?	
人际关系	对与家人/朋友的互动是否满意?	
工作/学习	工作/学习压力是否影响生活质量?	
身体健康	是否有不明原因的躯体症状?	
自我认知	对自己的评价是积极还是消极?	

◇ 咨询问题清单

我最想解决的问题是什么？

这个问题是什么时候开始出现的？

这个问题在什么情境下最严重？

我尝试过哪些解决方法？效果如何？

我希望通过咨询达到什么目标？

心理咨询是一场你与咨询师共同参与的探索之旅。你负责提供线索，咨询师负责导航，最终目标是帮助你更好地理解自己、解决问题。带着这份指南，勇敢地迈出第一步吧！

团体咨询还是一对一咨询，该"翻谁的牌子"

团体咨询与一对一咨询各有优势，具体选择取决于来访者的需求和问题类型。

团体咨询的核心优势

社会支持与归属感。团体成员因共同经历而产生情感共鸣，形成"我们在一起"的归属感。比如一位因社交焦虑加入团体的来访者，发现其他成员也有类似困扰，因而感到"我不是一个人"。

多元视角与反馈。团体成员提供不同角度的观察和建议，帮助个体突破单一思维模式。比如一位受亲子关系问题困扰的母亲，从其他成员的经历中意识到自己的过度控制倾向。

人际互动的"实验室"。团体是现实人际关系的缩影，成员能够在安全环境中尝试新行为模式。比如一位习惯回避冲突的来访者，在团体中练习表达不满，发现"冲突没那么可怕"。

成本效益与资源优化。团体咨询费用通常低于一对一咨询，且能同时服务多人。比如一位经济压力较大的来访者，通过团体咨询获得支持，同时降低经济负担。

团体咨询的潜在挑战

◇ 隐私与安全感

挑战：部分来访者担心隐私泄露或团体成员对自己的消极评价。

应对：强调团体保密协议，并在初期建立信任氛围。

◇ 个体关注度有限

挑战：团体中个体无法获得持续、深入的关注。

应对：结合一对一咨询，或在团体中设置"焦点时段"。

◇ 团体动力复杂

挑战：团体可能形成小团体、权力斗争等负面动力。

应对：咨询师需敏锐观察并适时干预。

团体咨询的适用人群

◇ 适合团体咨询的情况

希望改善人际关系的来访者，如有社交焦虑、亲密关系问题。

需要社会支持的来访者，如有丧亲、成瘾康复问题。

希望从他人经验中学习的来访者，如有职业发展、亲子教育问题。

◇ 不适合团体咨询的情况

需要深度个体化支持的来访者，如有严重创伤、人格障碍。

对团体环境极度恐惧或抗拒。

当前处于危机状态的来访者，如有重度抑郁、自杀倾向。

团体咨询的具体形式

◇ 主题式团体

针对特定问题，如焦虑管理、情绪调节。

举例：一个为期 8 周的"正念减压团体"，帮助成员学习情绪管理技巧。

◇ 支持性团体

提供情感支持与陪伴，如癌症患者团体、单亲父母团体。

举例：一个"丧亲支持团体"，支持成员分享失去亲人的感受与应对策略。

◇ 成长性团体

促进自我探索与个人成长，如职业发展团体、自我认同团体。

举例：一个"女性领导力团体"，帮助成员探索职业潜能与领导风格。

如何帮助来访者选择？

◇ 评估需求

提问："你目前最希望解决的问题是什么？你更倾向于个人探索还是人际互动？"

◇ 澄清期待

提问："你对团体咨询的期待是什么？是否担心隐私泄露或关注度不足？"

◇ 尝试体验

建议："可以先参加一次团体咨询，感受是否适合自己。"

第四章

心理咨询全流程解惑：那些让人头疼的问题和关键所在

第一次心理咨询
暗藏哪些玄机

一般来访者都会在第一次咨询后决定是不是要跟随这个咨询师继续做下去。于是，某些不良咨询师就会迎合这种心理，大包大揽承诺咨询效果："你的问题我肯定都能解决。"但是第一次咨询真的就能够确定一切吗？会不会因判断失误错过一个优秀的咨询师？或者会不会跟错一个不靠谱的咨询师呢？

心理咨询本身就是个多次重复的系统过程，无法做到单次让人感觉到显著效果。那么第一次咨询的真实价值究竟在哪里？如何通过一次咨询来判断这个咨询师是否有本事呢？

第一次咨询就只做这三件事

◇ 咨询师会努力跟来访者建立良好关系

心理咨询属于陌生拜访，尤其在第一次咨询中，你可以凭直觉看出一些端倪：是喜欢跟咨询师继续交流下去呢？还是觉得他的表达让人不舒服，没办法打动自己而想弃他而去？有时候，咨询师特别像我们心目中的样子；或者咨询师所说的话让我们觉得有温度；甚至觉得咨询师有学识、长得帅，可能都会给我们留下一些好感。颜值、学识、熟悉度、语言风格等因素都可以增加好感，形成专属于你的关系判断。

◇ 咨询师要能明确接下来问题的初步方向

我们不奢求第一次咨询就能够把问题解决，但是咨询师在首次诊断后至少要能看出问题的原因，知道这个问题后续应该往哪个方向走。如果咨询师的判断过于不靠谱，我们可以当机立断结束关系。

◇ 咨询师跟你确认匹配度

匹配度指的是咨询过程给我们带来的心灵上的满足感、信任感，进而产生影响力的能力值。有的时候，这种匹配说不清楚，但是这个咨询师，就是容易让你敞开心扉，让你跃跃欲试，让你敢于直面痛苦，想跟着他去试试改变自己……

如何评估首次咨询？关注三个维度

◇ 咨询师是否有能力去探索更深的情绪？

优秀的咨询师就像一个情绪显微镜，能够帮我们找到情绪背后的更多内容。比如来访者会说："最近我和老公老是吵架。我对他很失望。"咨询师就会给他澄清："那是因为和过去相比，你会觉得有很多的落差，所以你感觉到他不如过去了是吗？"

核心点：你能感觉到他在努力地理解你语言背后的情感逻辑，并且把它意识化出来跟你进行讨论，而并非简单地给你做一个判定，或者是给你一些粗糙的指导建议。

◇ 咨询师是否能够把你的大目标变成清晰可见的小目标?

通常来访者刚到咨询室的时候,都会说一些模糊的大目标,或者只是用情绪来代表他的需求。比如他可能会说"我希望你帮我提升自信",这是一种模糊的目标,或者他只是说"我现在很难受,我想开心一点"。那这两个目标显然都不能让咨询师确定接下来该怎么做。于是咨询师就会帮助他去切分这个目标,比如对他说:"如果你不想再痛苦了,那你觉得我们先做点什么,可以立刻缓解一点你的痛苦呢?"或者说:"我发现刚才你有一个小小的想法,就是只要这次的考试结果能让你满意,你就会觉得很开心。那你愿意尝试一下,我们一起为本次的考试做点什么吗?"

核心点: 咨询师可以从来访者看起来杂乱的要求中,找到那个最能够帮助到他的点,并且直接告诉来访者。

◇ 咨询师是否一直在考虑你的自主权?

咨询师的坦诚、理性和灵活是不矛盾的。一个优秀的咨询师从来不会说"我肯定能够解决一切"。只有来访者才能决定自己的未来,也只有来访者才能掌握解决问题的关键,所以咨询师及时归还这个权力,是对来访者最大的尊重。咨询师只是陪你一程的过客。

哪怕是第一次咨询，也会给你专业的承诺

◇ 给你一个认知锚点

即便第一次咨询时间有限，咨询师也会通过总结今天的咨询，让你感觉到本次咨询有收获。他会从一些具体的场景切入，哪怕是一点点，都会让你感觉到"哦！原来是这样的"，让你带着这种收获回去，而不是满腹疑惑。一次咨询下来，最少有一个成长点，这是必须的。

◇ 用科学的方法提升你的可见度

比如，他会建议你在咨询之后利用一些简单的作业去巩固这次咨询中已经达到的一些效果。或者给你提供一些角色扮演的挑战机会，让你在生活当中去尝试。

◇ 坦诚讨论一些不能确定的部分

"我暂时不能保证这次的咨询效果能够持续很长的时间，因为我们只是刚刚开始。"咨询师坦诚地去提醒来访者接下来会发生以及要去面对的事情，总比给出一些冠冕堂皇、不切实际的东西要好很多。比如，当你感觉今天的咨询效果特别好，咨询师会提醒你，咨询效果有时效性，过几天如果状态没那么好，也是正常的，不用担心。

你永远有决定权

如果第一次咨询让你觉得好像有一些帮助，但又不确定，那么不妨再尝试1~2次。因为信任这个东西是需要时间来发酵的，不可能一次就让你看得特别明白。另外，第一次接触时我们都会对咨询师有一些试探和防备心，最重要的话题可能确实得留到第二次才能安排上。咨询师这边，也需要随时去校准方向，所以再给他1~2次机会，你可能会更真切地感受到咨询师的水平。

当然，最终的决定权一定在你自己。我们必须尊重自己的选择，不管对方有多优秀、多专业，我们的选择权都是最重要的。

咨询目标不是铁轨而是指南针，动态可调整

这是心理咨询室平常的一天。小鹏是第四次坐在了我对面的沙发上，但是今天要说的内容已经跟第一次截然不同。随着他进一步描述自己与同学间的人际矛盾，他现在更想搞明白的已经不是第一周我们制订的咨询目标"为什么学习成绩下滑"。

这就是咨询的真实写照，咨询目标不是铁轨，是可以根据实际情况随时调整方向的。

咨询关系稳固，目标也会更加明确

刚刚进入咨询的时候，来访者抛出来的咨询目标往往看起来或者是高不可攀，或者是过于平常。随着咨询关系的深入，他会说得越来越多，似乎他自己也会更加清晰地知道眼下最重要的目标是什么。所以在咨询的时候，咨询目标通常会随着关系的不断深化而改变。来访者充分感觉到安全感后，事情的全貌才会渐渐显露出来。

一个女性来访者进入咨询室以后，说近期和爱人一起商量买个新房，但是由于观念不一致，跟爱人大吵大闹，爱人最终摔门而去。因此，一开始的咨询目标设定为如何在买房的问题上达成一致。但是随着进一步沟通，来访者抛出了另一个近期发生的事情：上个月和老同学聚会，曾经追求过她的男生也来了，后来私底下男生不顾一切地向她示好，她最终没有把持住出轨了。这件事情让她分外难堪，整个人的状态都特别不好，做什么都容易出错，还动不动发脾气。说到此的时候，来访者有些不好意思，说这件事难以启齿，所以没有一上来就说。于是我们协商，把目标调整为如何去解决她和老同学之间的事情。这才是来访者目前最想解决的问题。

来访者刚开始提出来的买房吵架问题，是一个容易表达，且符合社会大众认知的家庭矛盾。可要说"出轨",那还是要积攒一些勇气的。所以,随着关系建立稳固,安全感增强,她才道出了核心问题。

千万不要以为必须坚持刚开始咨询时制订的目标,咨询师应该根据来访者所表达的重点,随时进行调整,邀请来访者共同商议,从而达到此时此刻最佳的目标点。

问题不断深化,出现更重要的部分

来访者所面临的问题通常不止一个,所以他在描述问题的时候,很可能会分不清主次,找不到事情的核心,进而解决不了。然而,心理咨询通常需要找到诸多问题的核心点,解决了核心问题,其他问题就会迎刃而解。

比如一个来访者说他在工作单位总是受到领导的各种批评。而深入了解以后,咨询师发现他总是把未完成的工作带到家,但是爱人又特别不支持他在家里办公。所以导致工作完不成,心情又不好,影响到了上班时间的工作效率。这个问题的核心点并不在工作,而是在家庭关系上。所以结合来访者的核心点,咨询目标也就同步转移到了家庭问题上。

咨询进展缓慢,需要怀疑原定目标

通常我在咨询当中,每次都会设定一个小目标,每3~6次应该完成一个阶段性目标。用此方式,可以很好地去评估来访者是否在进步。如果来访者在某一个阶段停滞的时间过长，很有可能是这个目标本身设计得不合理。就好像我们把目标设定为要通过努力成为全班第一名，但是后来发现自己的基础太差，对手太强，我们就把目标改为名次往前提升 3~5 名。**目标应该随时根据来访者的现状和他的动力调整，否则就成为一个高不可攀的理想目标，带来的也只能是挫败感。**

生活发生重大变化，顺位需及时调整

还有一种目标的改变，完全是外界原因导致的，比如说离职、离婚、关系人突然消失。需要注意的是，咨询目标永远是当下最重要的需求。只有先满足当下最重要的部分，才有更多的精力去关注其他需求。所以当来访者在咨询的过程中遭受了重大打击，我们就需要把目标的顺序重新调整。比如，一个在处理职场问题的来访者，突然之间要离婚了，目前最让他困扰的可能就变为婚姻关系问题，那么此时咨询目标就应该及时做出调整。

暴露隐晦目标的关键时刻

除了以上这些来访者自己就能感觉到的目标转移节点外，还有一些是来访者自己都没有意识到，但是目标已经不恰当的情况。

◇ 非语言信号暴露

有些目标是基于来访者理性层面的需求，但并不一定是他内心深处真正的想法。这时候的目标实际上是假性目标。来访者可能也想努力实现，但是他会无意中暴露对目标的抗拒。

有一个来访者，刚刚结婚不到一年，老公就去世了。她来咨询的时候很悲痛，咨询师自然而然就会把目标设定为如何去处理悲伤的情绪。可是她第二次咨询的时候，穿了一件特别靓丽的连衣裙，还化了淡妆，看上去非常光彩夺目。在咨询过程当中也听不出之前的悲伤难受了。

于是咨询师故意开玩笑说："你太厉害了，这才一周的时间，就恢复得这么好。要换了别人，没个十天半个月，一时半会儿还真走不出来。"她的脸色一阵难看，说出了事情原委。

她说第一次咨询时确实是在烦恼，但回去想了想，对于这一段不堪的婚姻，也许尽早结束是最好的结果。所以当她老公突然之间离世，她最难受的并不是舍不得老公，而是不知道如何跟同住的婆婆继续生活下去。

这种目标和状态的反常之举，咨询师应该随时发现、指出，真诚地和来访者交流，去解决他真想解决的问题。

◇ 情绪波动点释放的是最强烈的信号

在心理咨询室里，来访者的哭声其实并不鲜见。它既是一种释放，更是一种强烈的情感表达。每一次情绪的波动，都会引起咨询师的关注。尤其当来访者出现痛苦、愤怒、极度焦虑等情感反应时，说明咨询触及了来访者内心深处一直被隐藏的软肋。这个时候应该暂停完成既定的目标，转而帮来访者去处理他未完成的哀伤或是存在的焦虑。咨询有个铁律：先处理情绪，再处理思想，最后解决行动。

◇ 隐性阻抗不能绕开

我在做督导的时候，接触过一些咨询师的案例。他们说自己在全神贯注做咨询的时候，会有一种被来访者催眠的感觉，就好像来访者一直在说车轱辘话，导致咨询师有昏昏欲睡的感觉。其实，当来访者在绕圈和回避重点，或者始终不能突破又不直言的时候，就说明来访者发生阻抗了。他的表达非常隐晦，也不直说。但人的身体是坦诚的，想解决问题就会真诚直接，不绕圈子，而绕来绕去本身就代表回避的态度。所以通常我会建议咨询师直接跟来访者沟通，询问真实原因，从而搞清楚他为什么会回避，他真实想解决的问题又在哪里。

搞明白原因后，要及时调整目标。不管是来访者自己想调整，还是咨询师建议调整，双方都应友好协商，并最终要由来访者一锤定音，咨询师不能越俎代庖。当然，如果频繁改变咨询目标，无疑对咨询是没有好处的，所以一定要注意，目标可以调整，但是多次反复调整，就又成了问题。

从"姓名年龄"到"童年阴影",非要聊这么多吗

无论是新开始一个咨询,还是转介到另外一个咨询师(由于对上一任不满而调换咨询师),一般头 1~3 次咨询,来访者都要描述很多自己的背景信息,这部分时间是不是一种浪费呢?

开始时的"背景信息搜集",是浪费还是必须?

还记得心理咨询师的教科书上明确写的是,每个来访者都需要把十大类的个人相关信息一一跟咨询师说明,包括个人信息,比如学历、家庭成员……也要说说自己的成长历史,比如幼年跟父母的关系、成长中的重大事件、创伤、求学经历、工作经历等。当然最重要的是要说来咨询前发生的"刺激事件",这是问题的导火索,更要描述透彻才可以。当时我们学习心理咨询时,甚至觉得这些都还不够,可是没想到在真正咨询时发现,如果照着书本一条条都梳理清楚,所耗费的时间巨大,不仅 1~2 次咨询搜集不完整,而且信息过多和繁杂,会导致很多新的麻烦。

因为,人在寻求咨询时,是某一类问题爆发了,但不等于他就没有其他问题。所以,要做到"完整信息搜集",就意

味着咨询师要把那些次要的、不重要的、来访者暂时还不想解决的各种事情都无差别汇总过来。来访者只想解决其中一个问题，可是咨询师搜集的信息包含几十个问题。在庞杂的信息中，咨询师需要的那部分信息会变得特别渺小，甚至被淹没在"信息海洋"中。

所以，目前的心理咨询发展方向，是本着简洁、明快、高效的思路。那种一个简单问题要做上 20~30 次咨询的咨询风格，已经渐渐被淘汰。而次次让来访者获得进步感的模式，正逐渐替代前 1~3 次由来访者单方面提供信息，而咨询师只听不说的咨询模式。

高效的心理咨询是边搜集边推进

"边解决问题边发现问题"，这是咨询中的"王道"。由于咨询每次只有 50~60 分钟，所以咨询师既要搜集信息、加工，还要进行咨询；下一次还要继续补充信息，再咨询并检查上一次的咨询效果。如此往复，不断精进。

这样咨询，来访者可以不用一口气说过多信息，有足够的时间接受咨询师的治疗。既可保障咨询次次有效，又可避免把咨询变成"单口相声"，导致来访者在开始阶段"脱落"（咨询几次，来访者感觉没有进步，就放弃咨询的现象叫脱落）。

要实现以上效果，咨询师就需要把一个大问题划分成诸多的"小目标"。一次实现一个，多次累计，大问题就会从根源瓦解。只要能实现次次有进步，那多次就一定会产生明显成效。

即便再繁杂的信息，一次只说一点，加上不同咨询师关注的点不一样，与来访者互动的地方就不同，对于来访者来说，就不会是简单重复。

接下来，你可能就要关心，我选的这位咨询师会不会做目标切分呢？如果不做切分，会不会又陷入描述大段背景信息的"旋涡"？

可以负责任地讲，除了以精神分析为主进行自由联想的咨询模式外，大多数流派的咨询师一定会为来访者进行目标切分。当然，还有一种可能，你遇见了"新手咨询师"，他不是不给你切分目标，而是他不会。

"背景赘述"与咨询风格有关，可以规避

◇ 最直接的方法就是直接询问

当你把大概问题描述清楚，感觉到咨询师对整体有了把握以后，就可以单刀直入，询问咨询师的"咨询步骤"，了解他打算用什么疗法，大概怎么帮你解决问题。这都是可以询问的。对于咨询流程，来访者也是有知情权的。

如果你是被转介或者不想较多说背景，你可以选择以认知行为疗法为主的中短期治疗。背景赘述的感觉，通常发生在以分析为主的咨询模式中，比如精神分析疗法。而以解决问题，产生行为变化为主的咨询，并不需要那么多背景资料，属

于随时需要随时补充，比如认知疗法。

即便你遇上的是精神分析流派的咨询师，背景描述也是可以跟咨询师商讨的，你仍可以从最近的背景信息点开始。这个也跟咨询师的咨询习惯和功力有关系，所以大胆询问和了解是没问题的。

◇ 咨询中可解决

就是在咨询的过程中，你也可以不断地向咨询师获取更多"问题解决"的方案，**要求咨询师提供以操作、实践为主的治疗，而减少以分析和推理的模式。**一个"融合"类的咨询师是可以做到这点的。融合是指咨询师常用的疗法超过两种，可以根据来访者的需要随时灵活转换。

◇ 咨询前可确认

通常想减少背景信息描述，是可以通过在咨询前浏览咨询师的个人介绍来实现的。首先看他的咨询流派，选择"问题解决"导向，而非"问题分析"导向的咨询师。另外，参考咨询师的培训列表，选择涉猎多种流派，而不是只进行单一流派学习的咨询师，他们会更具有灵活性，咨询也有更多可塑性。

所以说，"个人信息"的提供虽然是必须的，但是可以压缩和减少。你认为的背景赘述，其实跟咨询师的咨询风格有关，所以可以通过主动选择、甄别和大胆提出要求来避免。

守护心灵的"红绿灯"
——伦理原则

心理咨询的伦理原则是咨询师专业实践的核心，旨在保护来访者的权益、促进信任关系并确保咨询的专业性。以下是主要伦理原则及其简要说明，您可以用这些内容来保护自己。

保密原则

咨询师对来访者的信息严格保密，未经来访者同意，不得向第三方透露。

保密例外的几种情况（需提前告知来访者）：

来访者有伤害自己或他人的风险；涉及儿童虐待、老人虐待等法律要求报告的情况；法院依法调取记录时。

咨询师需向来访者介绍：

"我们的对话内容将严格保密，除非您有伤害自己或他人的风险，或法律要求我必须披露某些信息。"

知情同意原则

来访者有权了解咨询的目标、方法、流程、费用、咨询师资质等信息，并在充分知情的基础上自愿决定是否接受咨询。

咨询师需向来访者介绍：

"在开始咨询前，我会向您说明咨询的设置、目标以及您的权利。您可以根据这些信息决定是否继续。"

尊重自主权

来访者有权决定自己的咨询目标和进程，咨询师应尊重来访者的选择，不强加个人价值观或建议。

咨询过程中，咨询师会主动询问来访者自己设定的咨询目标，咨询师会从专业的角度跟来访者协商，并由来访者本人最终确认。咨询师不得以自己的喜好强迫来访者更改咨询目标。

来访者是个来北京学习，希望留在北京继续工作发展的北漂。咨询师本人不喜欢大城市生活，但是也不能因自己的喜好建议来访者离开北京。正确的做法是：倾听来访者的诉求，具体解决他希望获得帮助的问题。

无伤害原则

咨询师应避免任何可能对来访者造成心理或身体伤害的行为，包括语言、行为或技术的不当使用。

咨询师需向来访者介绍：

"我的职责是确保咨询过程对您安全且有益，如果您感到不适或有问题，请随时告诉我。"

专业胜任力

咨询师应在自己专业能力范围内提供服务，遇到超出能力范围的情况时，应将来访者转介给更合适的专业人士。

来访者在咨询婚姻问题的过程中，出现了具体财产如何划分的问题，这已经涉及法律问题，超越了心理咨询师的能力范围。咨询师会建议来访者就财产分割问题咨询律师，而不会以本人的法律知识进行回答。

避免多重关系

咨询师应避免与来访者建立咨询关系以外的其他关系（如朋友、商业伙伴等），以免影响专业判断或对来访者造成伤害。

在与来访者咨询期间，避免产生合作或建立朋友、恋人等其他关系。咨询师也会避免和来访者在非咨询时间单独接触。个人感情会直接影响咨询师的中立和判断。拒绝多重关系本身就是在保护来访者的利益。

公平与公正

咨询师应平等对待所有来访者，不因性别、年龄、种族、宗教、性取向等因素歧视或偏袒来访者。

我在两年前接过一个女大学生的咨询。她一进门就很紧

第四章
心理咨询全流程解惑：那些让人头疼的问题和关键所在

张地问我："白老师，我是同性恋，您能接受我的咨询吗？"这么多年的咨询生涯中，我还遇到过曾经伤害过他人的来访者，他们积压了一肚子情绪没地方抒发。同样作为来访者，他们都享有平等的权利。

不挑选、不选择、不道德谴责、不指责批评来访者，是咨询师的基本准则。

记录与隐私保护

咨询师应妥善保存咨询记录，确保来访者的隐私不被泄露。

在咨询过程中，对于来访者咨询的内容，一般情况下咨询师不进行记录；由于案情较为复杂或者咨询师个人的习惯等因素，需要同步进行记录时，咨询师会跟来访者协商，无论录音、录像、手写记录，都要获得来访者认可后，方可进行。并且承诺所有记录仅为工作需要，不外泄、不作为商业用途。咨询后的报告总结也将只保存在心理咨询室，不会公开，确保来访者的真实姓名等个人隐私信息不公布。

伦理决策与责任

咨询师在遇到伦理困境时，应以来访者的利益为重，遵循专业伦理规范做出决策。

一位婚姻家庭咨询师接到一个职业困难案例，咨询师没有足够的信心解决来访者的问题。按照来访者的利益为重原则，咨询师应该及时采取转介行动，避免问题严重化或者无法帮助来访者的结果出现。

在向来访者说明伦理原则时，心理咨询师通常会结合具体情境和当下案例，用通俗易懂的语言表达，并强调这些原则的目的是保护来访者的权益。在咨询中，通常是在初次咨询时，咨询师通过口头和书面（知情同意书）的方式向来访者说明这些内容，确保他充分理解并同意后，再进行正式咨询。

心理咨询的终点，
何时该说再见

每一个咨询都将会有一个终点，有的人会认为把主要的目标实现了，这就是一个暂时的终点。也有的人会认为从密集型的每周咨询转变成可以大段大段留白的周期性维护检查，这个转折点就是一个咨询终点。

我们不去考究究竟哪一种才是真正的终点，而是去看一看终点，去了解一下它是怎么来的，我们可以为终点做些什么准备，有什么信号在提醒我们它的到来。

为终点做准备

◇ 提前预告终点

在终点到来之前，你的咨询师会跟你进行讨论，看一看咨询是否达成目标。通过回顾、总结、判断的方式，一个一个去甄别，直到双方满意为止。在这个过程中，咨询师通常会邀请来访者充分地表达自己的感受和想法，以确保来访者和咨询师的想法是一致的，以及来访者是自觉自愿结束这段咨询的。

准备结束通常会用两到三次咨询。这种提前和充分的准备，一方面是为了确保来访者做好结束的准备，另一方面是查漏补缺，尽量不要做错误的停止判断。

◇ 咨询过程中的"收尾"信号

咨询结束之前，会有一些信号提醒你。咨询开始阶段，来访者更多依赖于咨询师的决策和建议。中期，来访者会跟咨询师一起讨论他的一些想法，但依然还不够确定。收尾时，来访者会比较有自信，能独立地提出自己的想法、感受和后面的具体计划。而且不仅是问题已经水落石出，来访者甚至还能够给出超越咨询内容的信息。比如他得出了不一样的结论，他设计出了新的对自己更有益的治疗方案。这些更灵活、多变的内容，预示着我们的咨询即将收尾。

以咨询目标达成判断是否抵达终点

◇ 看得见的证据

咨询目标不仅是咨询的方向，更是咨询收尾时的佐证。所以当咨询的目标已经可以清晰可感的时候，我们就已经快到终点了。比如，来访者目标是缓解焦虑、抑郁的情绪，此时情绪已经得到了缓解。或是来访者的人际关系出现了变化，他认识了几个新朋友。再比如，他的压力缓解了，在工作上已经有了起色，有了一些业绩。这种肉眼可见的变化就可以成为我们已经接近终点的参考依据。

◇ 目标达成的稳定度和深度

除了那些我们看得见的证据外，咨询师通常还要进一步了解来访者改善的稳定性。一个崭新的来访者应该对原有问题有一个崭新的判断。举个例子，如果你是一名抑郁症患者，从表面上看你的情绪得到了缓解，你说话更多了，变得喜欢工作和社交了。这个表面现象看得见，但是我们为了避免出现反复，还会追问一下你对消极情绪的看法。比如，你能很明确地表达你的消极情绪是从哪里来的、是怎么来的，以及如何避免它对你产生负面影响。这就说明你的认知已经改变，已经不再害怕下一次的情绪波动了。

心理状态决定咨询终点

◇ 情绪可控

婚姻问题解决的表现并不是双方不再吵架，而是即便吵架也不怕，也可以恢复吵架前的状态。抑郁和焦虑的解决并不是症状完全消失，而是症状在有限范围内波动，同时尽在掌控中。比如，相比之前经历抑郁事件的时候，抑郁的反应变小了，频次变少了，破坏力度几乎没有了。这就是一个非常重要的信号，告诉我们情绪已经可控了。

◇ 自我认知的提升

情绪的波动不可怕，可怕的是我们认为情绪的波动可怕。当来访者能够意识到自己真正恐惧的东西，说明他的认知高度已经不一般了。当我们充分地理解了自己内心世界的行为模式以及情绪产生的真正根源，我们就能够掌控这一切，能够理解自己的不足以及优势。

◇ 行为表现的改变

1. 问题行为的消除或改善

心理咨询带来的改变除了思想上的、情绪上的，还有一个最重要的就是行为上的改变。比如，成瘾行为已经减少了，暴力行为近期没有出现。我们通过行为可以反观心理，来访者已经获得了认知改变，才会有对行为的克制和要求。这也是来访者最想看到的变化。

2. 新行为模式的建立和巩固

一个人要从不爱学习变得爱学习，除了要减少不爱学习的情绪，还要增加爱学习的情绪。所以具体行为方面，不仅需要有坏行为的减少，还要有好行为的养成。而且在旧有坏习惯的干扰之下，好行为还应可以巩固持续。这个时候，我们就可以更放心地让来访者独立行走了。

结束不等于不再回来

很多来访者都会问："我的心理问题可不可以治愈？"心理问题"治愈"了，也不代表就再也不需要心理咨询师了。可能治愈是阶段性的，也可能治愈后又受到新问题的干扰而被激发。还有的时候，是因为我们确实遇到了生命当中最难最煎熬的阶段，需要再次回来。但是这一切都不代表你是软弱的、无能的，或是失败的。

所以在真的需要咨询师再度介入的时候，我们会建议来访者采取以下的方式：寻找过去的心理咨询师约单次咨询，以短期支持的方式介入，而不要做更系统的重复性咨询；利用焦点解决短期疗法，快速干预；进入存在多人支持系统的团体咨询中。

人生没有终点，只有节点。没有人会说"我不需要帮助"，我们每一次往前走都有进步，我们下一次需要的帮助只是可能会更少，这就是咨询结束带给我们的最大收获。

心理咨询结束后，如何让心灵继续"消化"

心理咨询是一场帮助我们探索内心世界、解决心理困扰的旅程。但仅仅依靠咨询过程中咨询师的引导是不够的，每一次咨询后的自我训练同样至关重要，它就像是为心理咨询的成果添砖加瓦，能让我们更有效地巩固和深化效果。那究竟该如何在咨询后进行自我训练呢？让我们一起来深入探讨。

积极明确自我训练目标

在每一次心理咨询后，首先要做的就是明确自我训练的目标。咨询过程中，咨询师会帮助我们分析心理问题的根源和表现，基于这些分析，我们可以确定自己想要改变的具体方面。

例如，如果你的心理问题主要表现为社交恐惧。在咨询中，你了解到这种恐惧来自对他人评价的过度在意，那么你自我训练的目标可以设定为"在接下来的一个月内，主动与不少于三个不认识的人进行简单交流，以克服内心的紧张和恐惧"。明确的目标能让我们更有针对性地进行训练，也方便我们对训练效果进行评估。

制订可以实现的训练计划

有了目标，接下来就要制订一份详细的训练计划。计划就像是我们实现目标的路线图，它能将大目标分解成一个个小步骤，让我们的自我训练更有条理。以社交恐惧为例，用"脱敏疗法"可以把一个月的训练时间进行细分：第一阶段，每天花 5 分钟观察身边人的交流方式，记录下自己的感受；第二周，尝试在商场等公共场所主动向工作人员询问一些简单问题；第三周，参加一次小型的社交聚会，与至少一位陌生人聊天；第四周，在社交场合中主动分享自己的观点和经历。通过这样具体的计划，我们就能收获一个不断进步的自己。

常做放松训练

在心理问题的困扰下，我们的身心往往处于一种紧绷的情绪化状态。放松训练就是缓解这种紧张的有效方法，它能帮助我们调整身心状态，更好地应对自我训练过程中的压力。

"深呼吸放松法"就是这样一种简单又实用的方法。找一个安静舒适的地方坐下或躺下，闭上眼睛，慢慢地吸气，让空气充满腹部，感受腹部的膨胀，然后慢慢地呼气，感受腹部的收缩，重复这个过程。通过长期、规律地进行这些放松训练，我们会在不知不觉中，减缓生活压力带来的紧张情绪。

积极暗示训练

很多心理问题和我们的心态有关。你越是相信自己，越是积极暗示鼓励自己，就越能克服困难，一步一步跟紧咨询师。

相反，咨询后再一次出现老问题，就没了信心或者急于放弃，这样的做法是很难解决心理问题的。每天花一些时间回顾自己的思维模式，发现不合理的地方就及时进行自我积极暗示，长期坚持下来，我们的心态会变得更加乐观。困难的事情有了乐观的精神加持，自然就容易成功。

回归社会场景训练

所有的心理咨询效果都要在现实中体现，才能称为好转，才能叫真的带来了改善和进步。这样看来，咨询后的效果，也要回归到现实去检验和尝试。关起门来，即便好了，也不敢说打开门依然还是好的。比如，有社交障碍，就在现实中进行社交练习；有婚姻问题，就大胆用新学到的思路或者方法跟爱人多去尝试；有亲子关系问题，就找孩子一起练习，实操一下……

没有永远的心理咨询，咨询关系总会结束。每一段心理咨询的开始，其实都在为结束的那一天做准备，来访者可以独立应对之前的问题，甚至是未来的问题。所以，增加个人体验感，回归到问题情境中去努力尝试新的方法，才是把咨询变为可见效果的真正途径。

不能每周只盼着心理咨询师为我们排忧解难，而是要及时消化咨询师的建议和方法。早一点把思想和理论变为实际的行动和看得见的结果，就早一天获得解脱。

咨询师下达命令，来访者照做，就能解决问题吗

在心理咨询实践中，部分来访者会强烈要求咨询师以"权威"姿态直接下达命令，甚至主动要求"请告诉我该怎么做"。这种被称为"命令式咨询"的非正规模式，表面上满足了来访者对确定性的需求，实则潜藏着伦理风险与长期危害。以下我们就一起来解读该模式。

为什么"命令式咨询"难以奏效？

◇ 心理问题的复杂性

情绪困扰、创伤或关系矛盾往往与个人经历、认知模式紧密交织，无法通过单一指令解决。比如，要求社交焦虑者"主动和人打招呼"，可能会加剧其恐惧，应先处理情绪背后的自我评价系统。

心理咨询的核心目标是帮助来访者获得自我觉察与成长

能力。若咨询师扮演"指挥者"，则可能剥夺来访者探索内在资源的机会，使其产生依赖而非治愈。

焦虑的暂时缓解：明确的指令能快速缓解决策焦虑，类似安慰剂效应。研究显示，这种缓解平均持续 2~4 周。

权力关系的快感：依赖型来访者在服从中获得"被照顾"的安全感，类似成瘾行为中的短期奖赏循环。

◇ 忽视来访者的主体性

持续的外控归因削弱来访者的自主能力，导致"咨询依赖症"。当咨询师聚焦于执行指令时，来访者可能会用"是否完成任务"来回避深层情绪（如用"本周完成了冥想打卡"掩盖婚姻危机）。咨询师则可能无意识跨越专业界限，演变为"人生导师"甚至"精神控制者"。

当来访者未被充分理解时，机械执行指令容易引发潜意识抗拒。如强迫症患者被要求"立刻停止洗手"，则可能因未被共情而加深焦虑。

◇ 典型案例分析

案例A：34 岁男性因职业焦虑寻求帮助，要求咨询师制订"完美转型计划"。前 3 次咨询积极执行职业测评、简历修改等指令，第 4 次突然脱落，后被发现因过度依赖指令而陷入选择困难，直接"躺平"。

案例B：50 岁女性在离异后要求咨询师"命令我如何生活"，咨询师给出每日作息表后，来访者因未能严格执行产生重度自责，最终诱发抑郁。

有效咨询的核心：合作而非命令

◇ 建立治疗联盟

咨询师通过倾听、共情与来访者建立信任关系，而非扮演权威角色。研究表明，咨访关系质量对疗效的影响高达 30%。

◇ 激活来访者的内在动力

好的咨询师会引导来访者发现自身资源。例如，用提问代替指令："如果你尝试这样做，可能会发生什么？"促使来访者主动思考解决方案。

◇ 个性化干预策略

不同流派方法各异，认知行为疗法可能会设置行为实验，心理动力学则注重潜意识探索。但共同点是尊重来访者的节奏与需求。

来访者该如何正确参与咨询？

◇ 从"被动执行"转向"主动表达"

及时反馈困惑与感受，如："咨询师，您建议我记录情绪日记，但我尝试后感到更焦虑了，这是正常的吗？"

◇ 理解咨询的渐进性

心理成长如同肌肉训练，需持续练习与反思。咨询师提供的"工具"（如放松技巧、认知重构）需要来访者在生活中反复应用。我们尝试的过程会出现不熟练、暂时没效果等问题，这都是正常的，在练习达到足够量后，效果自然会展现。

◇ 允许自己成为改变的主导者

咨询师是暂时性的"拐杖"而非一辈子的"轮椅"，最终目标是让来访者获得独立应对问题的能力。真正的心理咨询从不下达"速效命令"，而是用专业与温度陪伴来访者穿越迷雾。当双方共同投入这场探索时，改变才真正开始。

"命令式咨询"是如何形成的？

◇ 个体心理因素

1. 依赖型人格特质

DSM-5 定义的依赖型人格障碍者常通过服从权威避免自主决策的压力，其核心恐惧是"被遗弃感"。

2. 认知闭合需求

高认知闭合需求者难以忍受不确定性，需权威提供明确答案以降低焦虑。

3. 创伤后权力剥夺的补偿

长期被控制的个体（如家暴幸存者）可能会将"接受命

令"等同于"被保护"，形成病理性安全机制。

◇ 咨询关系错位

1. 移情现象的扭曲

来访者将童年期与权威父母的关系模式投射到咨询师身上，试图重现"服从 – 被认可"的互动循环。

2. 消费主义思维的渗透

部分来访者将咨询视为"购买服务"，要求咨询师像商品提供者一样交付"标准化解决方案"。

命令式咨询的本质，是来访者将内在力量投射给咨询师的"心理外包"行为。真正专业的干预，在于将这份力量交还给来访者本身——不是通过指令搭建脆弱的"心理拐杖"，而是帮助其生长出坚实的"心灵骨骼"。这需要咨询师在尊重来访者需求的同时，保持专业定力，用系统化的赋能策略替代短视的权威命令，最终实现"授人以渔"的咨询本质。

心理咨询中的"哭泣"，
是"好"还是"不好"

在心理咨询室里，许多来访者会问：

"老师，我刚刚哭了，这是不是不太好？"

"我控制不住流泪，是不是说明我太脆弱了？"

"我本来想好好沟通的，但一哭就觉得自己搞砸了……"

我想告诉你：心理咨询中的哭泣，既不是"好"，也不是"不好"。它是一种真实的情绪表达，是内心正在经历疗愈的信号。

为什么心理咨询中容易流泪？

心理咨询的本质，是提供一个安全且不被评判的空间。在这里，你不需要隐藏脆弱、假装坚强，也不需要为了照顾他人的感受而压抑自己。当长期积压的情绪被允许流动，身体会本能地通过流泪、颤抖、出汗等方式释放压力。

哭泣的意义因人而异

有人因悲伤而哭，有人因感动而哭，也有人因为终于被理解而哭……

心理咨询中的哭泣，可能代表：

压抑的情绪终于被看见（比如长期被忽视的委屈）；

对过去的伤痛进行告别（比如对未完成事件的哀悼）；

内心开始松动，尝试接纳真实的自己（比如放下"必须完美"的执念）；

感受到支持和安全感后的释放（比如咨询师的共情让来

访者不再孤独）。

哭泣的意义不在于"哭"本身，而在于你通过哭触碰到了更深层的感受。

在咨询师面前哭，会不会很尴尬？

这是许多来访者的担忧。但请相信：

专业的咨询师不会评价你的眼泪，反而会尊重你的情绪节奏；

咨询室里的"尴尬"可能是疗愈的入口——当你愿意在他人面前展现脆弱时，已经迈出了信任的一步；

咨询师会陪伴你探索哭泣背后的需求：你希望被安慰？被认可？还是需要重新定义自己的某段经历？

来访者该如何面对哭泣？

允许自己流泪。不必道歉或解释，你的情绪有存在的权利。

尝试与咨询师讨论你的感受。"刚才哭的时候，我其实很害怕您觉得我矫情。"

观察哭泣后的变化。是感到轻松、疲惫，还是触发了更多情绪？这对咨询很重要。

尊重自己的节奏。如果暂时无法面对某种情绪，也可以告诉咨询师："今天我不想深入聊这个。"

关于"哭泣"的常见误区

误区 1："哭代表咨询进展不顺利。"

事实：流泪往往是潜意识打开的表现，说明咨询触达了关键议题。

误区 2："成熟的来访者应该保持理性。"

事实：心理咨询不是辩论场，情感的真实流露比"正确"更重要。

误区 3："咨询师会觉得爱哭的人麻烦。"

事实：咨询师更担心来访者过度压抑自己，你的坦诚反而是推动咨询的动力。

让眼泪成为你的盟友

心理咨询中的哭泣，不是"失控"，而是"允许"；不是"软弱"，而是"勇气"。

每一滴眼泪都在诉说你的生命力——它代表着你没有放弃理解自己，没有停止寻找改变的希望。

如果今天的咨询结束后，你因为流泪而感到不安，不妨把这份感受带到下一次咨询中。你们可以一起讨论：

当眼泪流下来时，你的身体和内心发生了什么？

这种情绪让你联想到了生命中的哪些经历？

你希望自己或他人在这样的时刻如何回应？

一定记住，在咨询室里，你永远不必为真实的自己感到羞愧。

第五章

心理咨询中的那些"事故"
其实都不是事儿

换下一任咨询师时，最好
先说说上一任的"坏话"

也许你有过这样的困惑：

我那么相信咨询师，结果经过一段时间的咨询却没有效果，问题甚至更严重了。我终于决定找下家了。不过，就算换了第二任咨询师，他会不会跟上一任同样会出状况？当现任咨询师问我，"你做过咨询吗？上一任咨询师如何？"，我真想好好痛骂一下上一任，这样做会不会显得很没素质，进而给他留下坏形象，或者给现在的咨询带来麻烦？要不然算了，就说我没做过，但是……

上面这些问题，那些经历过转介的来访者，都在内心念叨过很多次。作为行业二十多年的咨询师，我经历过很多"二手来访者"，他们来我这里会细数上一个咨询是如何没有效果，咨询师是如何没有做到位等。当然，这里面有水分，也可能有误会，不过咨询没有达到来访者的预期，那是不会错的。

于是，我会谨小慎微地去了解，究竟咨询师的哪些做法让来访者感觉到不妥，以及来访者哪些预期没有达到。注意，如果你也正经历这种情况，务必在寻找到下一任咨询师时，把之前的状况讲清楚。这个环节是不可或缺的。因为，在我们行业里有个说法——"如果你不清楚上一次是如何摔倒的，那么下一次你一定还会摔倒。"

有经验的咨询师，都会问你"你做过咨询吗？"

其实，咨询师问这个问题，是想了解你有没有过失败的咨询经历。如果有，那本次咨询就不要再去试错，直接说出来最好。把你的希望和个人要求表达得越清晰越不容易二次受伤。因为，绝大部分不满，来自我们对心理咨询的不够了解。而真正的咨询纠纷，毕竟还是少数的。

所以，换了下一任咨询师，不要夸张渲染，实实在在地将自己的不满、委屈尤其是期望讲明白。

我接过的一个"二手来访者"，向我表达不满，说上一任咨询师使用的是"精神分析"，而且问了很多他不想回答的问题，尤其是家庭关系方面的问题。他质疑说他咨询的是职业问题，为什么要问原生家庭和现在的家庭关系，根本就和职业没关系。

听完，我没有评价什么，接着说："你今天来找我，可以对我提提你的咨询要求，看我能不能做到。"他说："白老师我希望你的咨询，第一不要用精神分析疗法，第二不要问我的家庭关系。"我听后笑笑，且满口答应。

这个案例后来咨询效果很好，而且我也在咨询后期，在来访者同意的前提下，问到了他的家庭关系，得知他和妻子确实在闹矛盾，并且家庭关系中产生的负面情绪对现在工作有很大影响。

看明白了吧，来访者其实是跟上一任咨询师关系没处好，而家庭问题又让他觉得丢脸，所以他给这次咨询也设定了边界。咨询师要做的是先尊重来访者，然后建立关系，如果真的需要询问"禁地"，必须征得来访者同意。

所以，在转介以后，一定要跟现任咨询师说清楚过往的不满和期望。很多人做心理咨询的经验不多，有些人甚至是第一次，很多的无效咨询，不完全是咨询师技术的问题，而是关系不到位。同时，由于有过一次不愉快的经历，来访者在第二次咨询中会变得更敏感。为了防止再出现类似状况，来访者一定要主动在开始咨询前，把自己的需求、不满还有期待以及原因都说给新咨询师。不要害羞，更不要隐藏。因为，这些都将给新咨询师带来很大的帮助，减少他的尝试，也是对自己的保护。

描述过程中最基本的几个核心点

◇ 换了新咨询师，一定要描述一下自己对上一任的感受

你的咨询需求，如果是这个咨询师能够做到的，他都会尽力去做。只要知道你的需求对你咨询有帮助，而自己又能实现的，恐怕没有几个咨询师会选择视而不见。比如来访者有时会要求："能不能在咨询结束后给我做个总结，避免我回去遗忘。之前咨询师的这个方法，我就很受益……"这些需求能反映出来访者积极治疗的态度，我都会极力去满足。

◇ 对上一任的隐私保护

所有的咨询都是陌生拜访，新咨询师对你的了解就如白纸，为了避免之前咨询中的问题再次发生，你一定要告知咨询

师，秉持就事论事的原则，提出你对上一任的不满。注意，不需要指名道姓或者暴露上一任咨询师过多的私人信息。

◇ 是善意提醒并非诋毁前任

你指出不满，不是为了诋毁上任，而是为了提醒现任咨询师在这些方面要注意和加强。比如你可以说，"我希望多一些内心分析"，或者"多给我一些具体指导"等。这样把不满的情绪变成对现任咨询师的提醒，咨询师会觉得你对自己的需求很了解，他会欣然照办。

当然，也许你会有一些想法在上一任那里吃了闭门羹，你跟现任提出来，也还是会被拒绝的。但是提前说出来，总比事后说要好。提出来就有机会想办法弥补或者进行理解。比如，你希望咨询师可以接受你的个人邀请，咨询师会拒绝，因为这是伦理规范（在咨询关系存续期间，双方应避免其他私人来往）。你提前说出来，就给了对方解释的机会。

◇ 不要矫枉过正

注意一点，不要矫枉过正。我见过一些指手画脚的来访者，他们对上一任咨询师不满，主要是因为咨询师没有按照他们的步骤来咨询。这个要求显然过分了。毕竟专业的事情应该由专业的人主导，每个进程都按来访者的要求做，显然大多数咨询师是做不到的。况且，真的做到了，也未见得会有你所认为的效果。所以，适度提要求是可以的，但是处处都要求并不合理。

这样看来，转介后跟新咨询师说上一任，其实是在分享你的经验，避免重蹈覆辙。好的咨询师都是有责任心的，所以这些能够帮助到你的"坏话"，自然就成了新咨询的效果保障。就事论事，就不存在说坏话的说法。为了更好更快地推进咨询，这些曾经走过的路，得出的经验，你还真是非说不可呢！

咨询关系中的"接力赛"：专业转介背后的温度与责任

在帮助来访者的过程中，心理咨询师如果也碰上困惑，该如何处理？最好的方式就是转介。转介是指由于某种特殊原因，将来访者转移到新的咨询师处继续完成咨询的程序。这是一件非常专业而又充满了责任感的事情。

转介最恰当的时机

◇ 能力边界的诚实面对

我还记得曾经接触过的一个少年，他患有双相情感障碍。孩子的父亲带他过来做咨询，在咨询的当天，我就意识到这个问题超越了心理咨询师的工作能力。于是我就联系了认识的精神科大夫，并且亲自带着他去看这位医生。后来这个孩子的家长感谢我，说如果没有那一次及时转移做药物治疗，孩子的发展将不可预料。由于发现问题及时，情况一直向好的方向发展，后来这个孩子又在我这里做了一段时间心理咨询。

当在咨询当中发现自己能力有所不及或者来访者的问题已经超越了心理咨询范畴，比如精神类的疾病或者人格障碍等严重心理问题，咨询师应该立即采取转介措施。**转介不是一种失败，而是对专业伦理的坚守。**

◇ 咨询关系发出特别的警告

在某些特殊的心理咨询当中，来访者对咨询师产生了移情，而咨询师产生了反移情或者这种移情已经严重影响到咨询的进展。比如说，有些异性来访者对心理咨询师表现出特别的爱慕和好感，想尽一切办法跟他接触。咨询师即便发出了提醒，也无法结束对方的行为。最好的方法就是将来访者转介给新的咨询师，重新去建立更健康的咨询关系。

有时这种移情也不都是一种温存。**病理性移情就是对咨询师产生过多的贬低和诋毁。**换句话说，不是心理咨询师没有做好，而是来访者过度理想化导致的不满。如果咨询师无法处理的话，最好的方式也是转介。

◇ 停滞是最直接的信号

我有一个咨询习惯，就是会告诉来访者，每一次咨询都一定会有效果，每次咨询后你都去检验这个效果是否存在。如果连续6次没有感到任何的咨询效果，那我就不胜任做你的心理咨询师。

◇ 不可抗力带来的现实应对

我前一阵子刚对接一个由上海心理咨询机构转过来的来访者。他们说这个来访者由于搬家，现在人到了北京，而他还需要继续做咨询，于是跟来访者协商后，来访者同意转介到我这里。这种由不可抗力，包括咨询师本人工作地区变化，或者是咨询师疾病休养等导致的特殊情况，必须找一个人转介。

专业转介步骤

转介可不是简单地把你推走或者随便找一个机构给你留一个电话，或者是跟对方打个招呼，你过去就行。转介实际上是一个专业的过程，过程中也体现着咨询师的责任心。通常要经历以下几个步骤。

第一步，通知来访者，并且跟他说明原因，跟他进行协商，最后达成一致。坦诚地描述是自己能力不及还是其他原因，不得已需将来访者安排给更合适的咨询师。

第二步，对接咨询师。和新咨询师沟通来访者的问题，把自己对来访者的判断、目前状态，接下来的咨询走向等细节都详细说清楚。确认对方有相关的能力和资格，同时有档期去接受来访者。

第三步，做好专门的告别咨询和交接。通常咨询时间比较长的来访者和原任咨询师之间的关系是比较深厚的。应该至少安排一次咨询，做过渡和告别，处理好移情，避免来访者焦虑。比如为他介绍新咨询师的情况，承诺后续还会跟进他的案例等。

第四步，保持跟进。一般来说，来访者到了下一任咨询师那里，之前的咨询就结束了。但是更具有责任心的做法是继续跟进交接过去以后的前三次咨询。因为新接手的咨询师很有可能不如原任咨询师更熟悉来访者，会在咨询中出现一些小的纰漏，或者是对当事人的不理解。那么原任咨询师应尽量去解释新咨询师的做法，帮助来访者尽快适应。这种有温度的陪伴咨询，实际上是一种非常高尚的行为。

来访者不可不知道的转介细节

很多来访者宁可选择脱落，无言地离开他们的心理咨询师，也不愿意被咨询师转介。就是因为他们并不清楚转介其实是心理咨询师的工作范围，而且来访者有权利知道转介从始至终的细节。

首先，转介的具体、专业的考量是什么？可能是不可抗力，可能是关系妨碍咨询，还可能是咨询师能力不足。

其次，新的咨询师的优势领域有哪些？为什么会选择这位咨询师而不选择其他的？转介要遵从两个逻辑：第一，技术更胜任；第二，合作密切。

最后，过渡期间将如何保障来访者的权益？由于存在过渡和交接，来访者难免会出现适应性问题。通常如果是咨询师之间的转介，最好三方都到场。前任咨询师非常正式地将自己的来访者转介给新咨询师，把之前的咨询过程和咨询目标等相关信息开诚布公地说清楚。提供 1~3 次的过渡咨询，以及原咨询师的继续陪伴等相关保障措施。

转介中的雷区

来访者错把转介当成咨询师自己的解脱或者对失败的掩饰。这可能是由于咨询师转介时过于草率，没来得及说清楚。来访者应该及时跟咨询师再次交流，化解误会。

信息传递不清晰。这是在转介当中最常见的误区。如果上一任没有把咨询过程中的诸多细节告知下一任，那么来访者在新咨询师那里必须重述很多之前的内容，这样就给来访者制造了更多的麻烦。

自我成长停滞。如果来访者是因为跟上一任咨询师的关系问题而被转介的，那么到了新咨询师那里依然不反思，将会重复之前的模式，最终导致成长停滞。

我相信，当你阅读到本篇文章时就会发现，其实**被拒绝可以不产生伤害，而结束也可以充满了尊严**，最重要的是这个世界上总会有人为你托底，暂时的告别是为了成就你持续的疗愈。

心理咨询有没有最佳的介入
时机？写给正在犹豫的你

总会有一些来访者在正式咨询前对自己的行为存在疑惑，会问我："白老师，我需不需要做咨询？""我什么时候做咨询最好？""我是一周一次，还是两周一次呢？如果中间暂停会不会影响结果？"

以上这些问题都属于时机的问题。其实心理咨询从什么时候开始都可以。这个节奏的快慢因人而异，因目的而不同。

心理咨询可不是看急诊，如果问题已经很严重，咨询师也没办法。所以比起病重才就医，不如想起来就去看看，后者看起来很随性，但其实是内心有了一种不明的需求，需要通过咨询帮助自己搞清楚真正原因。以下我可以给大家一些提示，告诉大家究竟自己身上出现了什么信号，就可以考虑去看看咨询了。

情绪持续超载

◇ 明明生活看似正常，却总被无名的焦虑所笼罩

有来访者在跟我咨询的时候会表达一种模糊的情绪色彩。就是看起来生活当中的所有事情都在正常运作发展，但不知道为什么总是感觉不踏实，或者总觉得会有什么不好的事情发

生，而且这种感觉不管用什么方法都挥之不去。

◇ 情绪就像过山车，时而暴怒，时而低落

情绪波动的同义词是情绪不稳定。不稳定是指我们会时不时想起一些或感觉到一些不舒服的点。但是这些不舒服的点不是始终浮在水面之上，而是偶尔才会暴露一下，我们还来不及捕捉就又消失了。但是这次消失了，不等于下次它就不出来了。它还会时不时来干扰我们。

◇ 出现不明原因的疼痛、失眠、暴饮暴食

身体出现无法用医学检查出来的疼痛，背后多半是跟心理有关。如果再出现跟心理相关的症状，比如偏头疼、失眠、饮食不规律等，就更证明你其实已经有了心理问题。当以上这些症状已经很明确的时候，你最应该做的就是及时去做检查，而不要不管不顾。

情绪是心理变化的晴雨表，偶尔的情绪波动，是人之常情，但是有规律的情绪波动和不明原因的情绪波动，背后都隐藏着某些不可告人的秘密。往往这些情况就预示着我们内心已经承载不下，需要得到及时的舒缓。

关系陷入某种循环模式

◇ 总是爱上同一类伤害你的人

人是一种很聪明的动物，可以通过接触身边的人和事进

行自我改良，以便让自己更适应这个环境。但是如果你正在经历一种怪圈，即总是爱上同一类伤害你的人，比如你总会喜欢一些冷漠的人，但最终又被他们所伤，这就说明你陷入了亲密关系的循环模式。

◇ 在职场中总是遭遇排挤或过度付出

即便在职场中总是碰壁，你还是找不到可以解决问题的方法，陷入一种无法摆脱的怪圈中。那么，这可能暗示你对自己的处境缺乏更清晰的了解和认识。

◇ 和家人相处时不自觉地变回叛逆的小孩

家虽然是最温暖和安全的地方，但是如果你总是违反常性地变成永远长不大的小孩，那就说明你在这个环境当中已经出了问题。

如果我们不明其因地反复受到打击，不能正常成长，这背后一定有我们所不知的原因。寻找专业的人士帮我们破除谜题、摆脱现状，是最好的方法。

站在人生岔路口时

◇ 纠结于是否辞职、离婚、换城市生活

面对这些重大抉择时，举棋不定和犹豫其实是正常的。但是始终不能做出决断，说明你对自己内心的需求是不清晰的。

◇ 对未来感到迷茫，被"应该去做"和"想要去做"的事拉扯

每个人的内心都有两个声音，一个是满足自己内心渴望的声音，另一个是更多满足自己在他人面前形象的声音。当这两个声音互相不能和平相处时，就需要做出决断。而这个决断的过程，容易让人纠结踌躇。

◇ 在经历重大丧失（比如亲人离世、分手、失业）之后，难以恢复

人生路上总会出现高潮和低谷，我们在低谷的时候能用比较短的时间去适应并走出来，说明我们处于心理健康的状态，如果相反，我们就需要专业人士的帮助了。**当时间不是解决问题的良药时，就要及时就医了。**

选择什么不重要，重要的是选择的过程。由于不了解自己想要什么，我们的内心会产生各种撕扯。人长期处在一种不确定的模式中，心理一定会出现异样的。

心理资源储备的需要

◇ 稳定时期主动提升

在生活相对稳定顺利的阶段，某些人会主动寻求心理咨询，作为一种心理资源的储备和自我成长的投资。比如，在工作、家庭各方面都和睦顺利的情况下，通过心理咨询进一步探

索，怎么能够提升家庭的幸福指数，怎么能够让工作变得更愉悦，或是如何挑战更多的职位，让自己快速进入上升期。

◇ 预防潜在问题

有心理问题家族史或者从事着高压力、高风险工作的职业人群，虽然目前并没有明显的症状，但是某些人仍会主动去做心理咨询，他们的目标就是提前了解自己，避免潜在的风险，学习更多的心理调适方法，预防心理问题的发生。

破除三大"时机"误区

◇ 等自己想清楚了再咨询

心理咨询本身就是帮助一个人想清楚的工具。很多来访者在咨询的时候只是感觉自己不舒服，既无法说清楚问题，也不知道该如何改变。这恰恰是心理咨询的重要功能，即帮助来访者梳理他的问题，让问题变得清晰化，让来访者准确知道自己在哪个地方是需要调整的。

◇ 问题不严重，没必要咨询

心理咨询的功能很多，既包括解决问题，也包括提升心理的免疫力，还包括帮助一个人成长。在压力还可以承受的时候去介入，往往能更好地建立应对策略，正所谓花更少的时间去解决未来更大的问题。

◇ 现在太忙，等有空了再去做咨询

压抑的情绪不会自己凭空消失，反而会越积越多。由于工作或其他原因延误了最佳的咨询时机，往往会给自己的未来增加更多的支出成本，解决起来也要经历更多的痛苦。所以我经常会建议来访者，当自己的身体出现异样的时候，让自己更快好起来才是最重要的。而耽误了工作或其他事，事后都可以找机会再补上。

心理咨询中的不如意
应该怎么处理

技术层面的不如意

◇ 咨询节奏不在点上

会有一些这样的来访者，他们对心理咨询的节奏要求得比较严格，比如他们会想在咨询中获得更多的倾诉时间。但是如果咨询师的风格比较果敢的话，他更多的是想解决问题。这种分歧实际上是很容易解决的，只需要来访者相对明确地告知咨询师，他还有些情绪需要释怀，让咨询师多给他一点时间，就可以避免这样的不如意。

◇ 某些技术方法让人感到不适

每个咨询师都有他自己擅长的流派和风格，一定会有一些技术方法需要来访者适应。比如，精神分析流派的咨询师会更多去了解来访者的幼年经历，但是部分来访者觉得这一部分既浪费时间又没有收获。实际上，这种技术使用和来访者预期不匹配的问题，是可以在咨询过程当中通过预先了解来访者需求，以及咨询技术使用后再询问来访者感受的方式，来判断是否继续沿用类似的方法。

◇ 高频重复单一技术让人厌烦

我们通常不建议咨询师长期频繁使用同一种方法，当然如果来访者明确表达这种思路对他是有帮助的，则另当别论。通常大多数人对反复使用某一种治疗方法有一定的反感。所以，咨询师通常是在一个技术架构之下采用多种方法进行组合变换，以避免来访者对某种技术感到厌烦。

◇ 咨询目标发生理解偏差

这是技术层面最常见的问题。由于语言的庞杂以及文化的差异，即便是同样的文字，不同人也会有不同的理解，所以咨访双方免不了在目标制订上出现微小的差别。但是有一些咨询师不会去检验和监测，导致咨询过程沿着不同的方向跑得越来越远，以至于在时间用尽时才发现和来访者的目标不一致。通常这个时候来访者可以主动要求咨询师核查解决这个问题，而不用不好意思说。

◇ 咨询目标无法达成一致

有一些强势的咨询师会要求来访者同意他认为正确的咨询目标。这在咨询当中实际上是明令禁止的，因为心理咨询的目标是要双方协商并最终制订尊重来访者的目标，而不能以咨询师单方面的视角去强迫来访者服从。如果出现类似的问题，来访者可以去申请督导解决或者投诉。

关系层面的困扰

感觉不被理解。情绪理解是来访者的第一层需求，如果咨询师在情绪情感方面无法接住来访者，那么后面的咨询即便推进，来访者也会觉得咨询师的方法不一定适合他。理解至关重要，但这里容易产生几种问题。

◇ 咨询师准备仓促，没有充分理解资料

实际上，要理解来访者，是要时间成本的。而当来访者迫切希望见到效果时，可能会催促进程，导致咨询师来不及理解资料，囫囵吞枣，给来访者留下不好的印象。

◇ 咨询师忽略某个重要情感点

所谓的不被理解，通常是来访者的某个重要情感点没有得到咨询师的回应。也就是说，咨询师没有敏锐捕捉到来访者的需求。这会让来访者耿耿于怀，误以为咨询师对他不关注，甚至没有充分理解他的情感。

◇ 不同频、表面化

有些咨询师水平有限，不能理解来访者文字背后的含义，或者只是应付，草率地进行表面化共情，导致来访者不舒服。

解决建议： 被充分理解，是建构在彼此熟悉的前提下的。所以如果出现以上三种情况之一，来访者应该先沉住气，反思一下是不是由于自己表达不清晰，或者是对对方期待过高导致的。可以再多给心理咨询师一两次机会和时间，如果反复调整之后依然无法达到要求，可以选择转介或者是终止咨询。

个人困扰

◇ 改变带来的不适应

心理咨询的效果最终体现在改变上。但是改变对每个人来说，都需要勇气和时机。在来访者准备不足时，咨询师加快了解决问题的步伐，可能会导致来访者感觉到不适。这种由改变带来的不适，其实在咨询的多个阶段多少都有一点。每一个来访者对这一点的解读是不一样的，有的人认为这是正常的

"疼痛"，有的人认为这是咨询师给他带来的疼痛。

◇ 触及创伤时的强烈情绪

在咨询时，可能会随时出现第二个重要目标。换句话说，当来访者的情绪过于强烈时，是应该暂停原始咨询目标调整节奏的。所以咨询师不能不顾及情绪而坚持过去的节奏，这会让来访者觉得无法进行下去，甚至对咨询师产生不专业的误解。

◇ 对咨询效果的怀疑

咨询通常是一个过程，需要时间来起效。而来访者刚开始期待很高，然后经过一段时间的了解后，会降低这种期待。有的来访者会选择继续坚持做咨询，而有的来访者可能就会正常脱落。

提高有效沟通的建议

时机很重要。咨询的过程实际上就是两个陌生人从不了解到熟悉，然后一起干"大事儿"的过程。所以磨合是必需的。不去沟通就认为对方能够理解，是错误的。沟通的时机通常是在误解发生的时刻。也就是说，不要等事情都翻篇儿了，过去很久了，再找补回来。这样的话你心中已经产生了怨气，而且咨询师也遗忘了具体的情况。

我通常会建议来访者在沟通时直接坦诚地表达他的感受。只有来访者明确清晰地说出他的要求，双方才能达成统一。所以来访者要学会一些简单的反馈方式。比如,主动述说感受。来访者可以说:"这个地方让我觉得……"或者主动提出要求,来访者可以说:"我希望你可以这样做……"还可以给出建议,对咨询师说:"也许这个地方我们可以尝试一下……"咨询师也应该保持观察,可以对来访者说:"我注意到刚才有个地方你犹豫了一下,方便给我解释一下吗?"

来访者的权利清单

来访者有权了解咨询师使用的疗法。

来访者有权利随时选择暂停。

来访者有权随时调整咨询的频次,甚至是每次咨询的时间。

来访者可以选择转介,也可以选择提前终止咨询。

来访者有权投诉和保留个人观点。

好转了还继续咨询,
这是健康的依赖吗

总会有一些来访者有这样的疑问:"我的情绪稳定了,关系改善了,但是为什么我还想要做咨询?"如果你也是这样,那么恭喜你，你目前的心理成长已经进入一个新的阶段，从原来的被动解决成长到目前的主动探索。那么，这是对心理咨询师的一种依赖，还是一种健康的关系呢？以下我们就做一个真诚的分析，帮助你理解这种持续咨询的意义，并学会科学地利用这种关系。

状态好转不等于走到了终点

◇ 症状消失 = 问题解决吗？

许多人误以为症状消失了，问题就解决了，但其实这二者不是等同的。症状只是心理问题的外显部分。心理问题和身体疾病的最大不同就在这里：身体的症状消失了，身体疾病就基本解决了；而心理的症状消失了，不等于心理问题已经解决，还要进一步检查来访者的行为思想是否同步产生变化。不能单独去看症状本身，要结合多个因素一起判断。

痊愈也有可能是动态的。症状消失之后，我们还要看这一效果所持续的时间，就是情绪稳定是否可持续，以及各种功能是否恢复。而深层的行为模式和核心信念也需要一定的时间才能重塑。

◇ 问题解决是终极目标吗？

问题解决之后，还可以继续进行自我成长。心理问题消失了，那如何去应对下一个心理问题或者如何防止下一个心理问题的发生呢？这就转入了自我成长的阶段。

比如，来访者从职业焦虑中恢复了。三个月以来，他的失眠问题、饮食问题都完全解决了。但他还想继续咨询，他说："我现在已经解决了在工作当中的生存问题，但是我依然还有讨好同事的倾向，我特别想搞明白这个倾向的背后是什么，是否是从童年养成的。"

持续咨询的七种正向解读

◇ 从救火到重建：增强心理的抗挫折力

咨询初期的核心在于扑灭焦虑和抑郁的火种，防止来访者进一步受伤。咨询后期则是要搭建情绪的防火墙，通过正念练习改变认知，构建支持性的人际关系系统。在后期，心理咨询师充当的是建筑师的角色，帮来访者设计个性化的成长方案。

◇ 突破强迫性重复的恶性循环

你可能发现自己总在一个循环的怪圈当中走不出来，比如：总是喜欢一类人，但是又被这类人所伤害；每次有升职的机会之前就选择离职；明明知道这样说会伤害到孩子，但是自己总是控制不住。咨询可以解决某一个循环，但是只有进一步觉察潜意识里面的人生脚本，打破恶性循环，才能防止下一个循环的到来。

◇ 把咨询室里的觉悟变成生活中的习惯

知道不等于做到，做到不等于每次都能做到，所以我们一定要把咨询室中的顿悟通过不断尝试培养成一个新的习惯。可以通过角色扮演复盘真实事件，在咨询后完成实践作业，慢慢地把新的行为变成本能反应。

◇ 预防心理感冒的复发

抑郁症、焦虑症的复发率是很高的。如果刚有好转，就贸然结束咨询，会在接下来的3~6个月复发。通过跟咨询师继续沟通，可以在咨询过程当中学会识别复发的早期信号，及时进行干预，减少复发的可能。

◇ 探索我是谁，进行真正的心灵成长

当基本问题解决后，你可能会想知道：我的真实需求是什么？我的问题是从哪儿来的？通过持续的深度咨询，咨询师能帮助来访者真正寻找到问题的根源。

◇ 做人生重大事件的陪伴者

当我们正好经历某些重要的事情，比如成为父母、职业转型，我们可能会需要心理咨询持续帮我们重构身份，获得价值感。

◇ 练习健康的依赖关系

对咨询产生依赖不等于是病态的。如果你曾经经历过情

感上的创伤，那么这种稳定可靠的治疗关系本身就是一种疗愈。通过和咨询师练习正确的分离处理模式，你能学习到既亲密又独立的新模式。

有三个误区，需要我们学会识别

◇ 模糊的习惯性依赖

主要表现为咨询目标不清晰，机械性地想每周与咨询师做一次咨询。应对策略：与咨询师共同制订阶段目标，确保目标是清晰的。

◇ 咨询师过度保护

咨询师回避讨论重点或主动结束话题，还暗示你永远都会需要他。应对策略：咨询师应该主动鼓励来访者保持独立，并给出延缓咨询或暂停咨询的建议。来访者也可主动要求延迟咨询的进程，深思或实践后再决定要不要继续。

◇ 用咨询替代现实关系

表现为来访者把所有情感需求都投射给咨询师，回避自己的真实人际关系。应对策略：把咨询中学到的各种沟通技巧用于朋友、伴侣关系中，让改变真正从咨询室进入生活。

科学规划咨询，将主动权握在自己手里

确保自己每次咨询都能感觉到能量。不长期讨论相同的话题，不做没有进展的咨询。有明确的成长主题和提升方向，不设定模糊的目标或者是仅仅因为舍不得而续约。能够自主地应用咨询当中学到的技巧，避免咨询后反而更焦虑或者产生自我怀疑。

每个季度做一次咨询的审计，反思这三个月的咨询让自己在哪个方面有具体的进步。尝试着做主题性咨询，确保接下来的咨询有方向、有目标可检查。

进行独立性测试。比如暂停咨询一段时间，观察自己是否能够自我安抚情绪，能够在遇到问题时寻找到支持系统或者自行解决。

总结一下，心理咨询并不是有病就去打卡，而是一种重新认识自己、接纳自己、超越自己的过程。有人需要短期急救解决症状，有人需要长程个人成长。两者没有优劣，只有适合与不适合。当你正在犹豫是否要继续的时候，可以从两个方面考虑：

真正的痊愈是拥有自由选择的能力，而不是症状的消失。

最好的咨询终将让你成为自己的咨询师，而不是一直由他人主导。

当我不想咨询时，
能咨询吗

我知道，你现在可能并不愿意来到咨询室，甚至觉得心理咨询是一件"被迫"的事情。你可能会想："我没什么问题，为什么要做咨询？"或者"咨询真的能帮我吗？"这些想法都很正常，我完全理解你的感受。

我想告诉你的是，心理咨询并不是为了证明你"有问题"，而是一个帮助你更好地理解自己、解决问题和提升生活质量的过程。即使你现在感到困惑或抗拒，也没关系。我们可以慢慢来，一步一步地探索。

为什么你会感到抗拒？

◇ 对未知的恐惧

心理咨询对很多人来说是一个陌生的领域，你可能会担心："咨询师会怎么看我？""我会被要求改变吗？"人们会恐惧改变，担心改变会带来未知的后果。然而心理咨询室是一个安全的空间，你可以自由表达，不会被评判。改变与否完全由你决定。

◇ 缺乏自知力

你可能觉得自己没有问题，或者问题不在自己身上。很多时候，我们对自己的行为或情绪并不完全了解。咨询可以帮助你更清晰地看到自己。

◇ 被迫参与的压力

如果你是被家人、朋友或机构要求来咨询的，你可能会感到不满或无力。咨询师可能会先和你聊聊你对这次咨询的看法，以及你希望从中得到什么。

◇ 内在矛盾

有的人会陷入自我否定，比如觉得自己"没救了"，咨询也没用；或者已经习得性无助，比如多次尝试改变未果，失去信心。

作为心理咨询师，我理解有些来访者可能并非自愿前来咨询，或者暂时缺乏改变的动机。不过，即使你目前没有动力，心理咨询仍然可能是有益的。更重要的是，我会告诉你如何在这种状态下更好地利用咨询资源。

无动力时咨询能帮到你什么？

◇ 理解"被迫"背后的意义

在咨询中，你可以探索真实需求，比如父母强迫你来咨询，可能源于他们的焦虑而非你的问题。

在咨询中，你可以重新定义关系，学习如何与施压者沟通边界。

◇ 建立最小化目标

从"不抗拒"开始，每周按时来咨询室，即使只是坐着。

寻找微小改变，比如尝试描述"今天比上周少了一点烦躁"。

◇ 体验非评判性关系

体验可以安全表达的空间，比如可以自由地说"我讨厌来这里"。

体验被理解的可能性，比如咨询师会尝试理解你"不想改变"的理由。

作为来访者，你应了解的事

◇ 来访者怎么做?

1. 坦诚表达你的感受

直接说明现状:"我是被家人逼来的，其实我不觉得需要咨询。"

描述具体顾虑:"我担心咨询师会像父母一样指责我。"

2. 设定最低参与度

时间承诺:"我可以先尝试 4 次咨询，之后重新评估。"

参与方式:"我可能不会说太多，但会认真听。"

3. 观察咨询过程

记录你的反应。比如,咨询师的哪句话让你感到被理解或被冒犯?

评估咨询价值。比如,咨询是否能帮你更好地应对施压者?

◇ 咨询师会如何帮助你?

1. 建立工作联盟

尊重你的节奏,不会强迫你讨论不愿触及的话题。

寻找共同点,比如即使目标不同,也可以先关注"如何让生活更轻松"。

2. 使用动机访谈技术

探索矛盾心理,比如:"一方面你觉得咨询没用,另一方面还是来了,为什么?"

放大微小改变,比如:"你说上周有两天感觉没那么糟,那是怎么发生的?"

3. 调整咨询策略

非指导性陪伴,比如当你不想改变时,咨询师会先理解"不改变的好处"。

创造性干预,使用艺术、沙盘等非语言方式降低防御。

◇ 常见问题解答

1. 如果我就是不想改变,咨询还有意义吗?

意义在于理解:咨询可以帮助你理解"为什么不想改变"。

潜在价值:即使维持现状,也可以学习如何减少内心冲突。

2. 咨询师会强迫我做不想做的事吗？

专业伦理：咨询师不会强迫你做任何决定。

你的权利：可以随时叫停让你不适的干预。

3. 如果咨询后我还是没动力，是不是失败了？

重新定义成功：能坚持完成咨询就是一种进步。

长期视角：改变可能在咨询结束后慢慢发生。

给被迫来访者的实用建议

◇ 初次咨询可以这样说

"我是被要求来的，其实我不确定是否需要帮助。"

"我希望先了解咨询能为我做什么。"

"我们可以先聊聊为什么别人觉得我需要咨询。"

◇ 咨询中可以尝试这些

设定界限：明确告诉咨询师哪些话题不想讨论。

表达不满：如果感到被强迫，可以直接说出来。

记录感受：每次咨询后写下 1~2 个想法，帮助自己反思。

◇ 咨询之外可以做这些

观察生活：注意哪些时刻让你觉得"也许需要改变"。

收集信息：阅读其他来访者的故事，寻找共鸣。

保持开放：即使现在不想改变，也给未来留个可能性。

心理咨询不是一场必须全力以赴的比赛，而是一次可以按照自己节奏进行的探索。即使你现在是被迫前来或缺乏动力，这个空间仍然可以成为你理解自己、理解他人期待的起点。记住：你来咨询不是为了取悦他人，而是为了让自己多一个选择的机会。

来访者以还未痊愈为由
不结束咨询，是怎么回事

在心理咨询的实践中，有时会出现这样一种特殊情况：部分来访者明明在咨询过程中已经取得了一定的改善，可他们却坚称自己还未痊愈，不愿结束心理咨询。这一现象背后隐藏着复杂的心理因素，值得我们深入探究。

心理依赖的形成

◇ 情感依赖的建立

在长期的心理咨询过程中，来访者与咨询师之间会逐渐建立起深厚的情感联系。咨询师作为一个始终耐心倾听、给予理解和支持的角色，成为来访者生活中的重要情感支柱。例如，一位长期遭受职场欺凌后患上创伤后应激障碍的来访者，在咨询初期，内心充满了恐惧、无助和自我怀疑。咨询师通过多次深入交谈，帮助他梳理情绪，理解创伤对自己的影响，并给予他积极的反馈和鼓励。久而久之，来访者在情感上对咨询师产生了强烈的依赖，他害怕一旦结束咨询，就会失去这个能够完全理解自己痛苦的人，所以以自己还未痊愈为借口，不愿结束这段关系。

这种情况，也可能和咨询师的反移情处理不当有关。咨询可能使咨询师产生了被依赖感或过度共情，导致他无意中延长咨询。

◇ 对咨询环境的依赖

心理咨询室营造出的是一个安全、私密且接纳的特殊环境。在这里，来访者可以毫无顾忌地倾诉自己内心深处的想法和情感，不用担心被评判或指责。这种独特的环境让来访者感到放松和安心，成为他们逃避现实压力的避风港。比如，一位因家庭关系紧张而产生焦虑情绪的来访者，在生活中总是处于紧张和压抑的氛围中。而在咨询室里，他能够尽情地表达对家人的不满和自己的委屈。当面临咨询结束时，他会担心离开这个舒适的环境后，又要独自面对家庭的矛盾和压力，于是便声称自己的病还没好，继续留在咨询中。

对病情的认知偏差

◇ 过高评估心理问题的严重性

有些来访者在长期与心理问题斗争的过程中，形成了一种固定的思维模式，即过度夸大自己心理问题的严重程度。即使在咨询师的专业评估下，他们的问题已经显示出明显的改善，但他们仍然无法摆脱这种思维定式。例如，一位患有中度抑郁症的来访者，在经过一段时间的咨询和治疗后，情绪低落、兴趣减退等症状已经得到了显著缓解，睡眠和饮食也逐渐恢复正常。然而，他还是觉得自己的内心深处依然存在着严重的问题，担心一旦结束咨询，抑郁症就会立刻复发，所以始终认为自己还没有康复，拒绝结束咨询。

◇ 缺乏对康复过程的正确理解

心理问题的康复是一个渐进的过程，并非一蹴而就。但很多来访者对这个过程缺乏正确的认识，他们期望能够达到一种完全"治愈"、没有任何负面情绪的理想状态。当咨询进展到一定阶段，虽然已经取得了实质性的进步，但仍然会偶尔出现一些情绪波动或小的困扰时，来访者就会认为自己的病还没有好。比如，一位正在克服社交恐惧症的来访者，在咨询后已经能够较为自如地参与一些小型社交活动，但在一次大型社交场合中，他还是感到了短暂的紧张和不安。这种情况让他觉得自己并没有真正康复，从而以有病为由，继续寻求咨询帮助。

获益心理的驱使

◇ 逃避现实责任

在现实生活中，心理问题有时会成为来访者逃避某些责任和压力的"挡箭牌"。例如，一位工作上表现不佳的员工，可能会将自己的工作失误归咎于心理问题，声称自己因为患有焦虑症，无法集中精力工作。在心理咨询过程中，他会不自觉地夸大自己的病情，以此来避免承担工作上的责任和面对同事领导的质疑。当面临咨询结束时，他会担心失去这个借口，不得不重新面对工作中的压力和挑战，所以始终强调自己还未痊愈，不肯结束咨询。

◇ 获取他人关注

当一个人声称自己有心理问题时，往往会得到周围人的更多关注和照顾。对于一些内心渴望被关注的来访者来说，这种关注成为他们继续留在咨询中的动力。比如，一名在家庭中一直被忽视的孩子，在出现心理问题后，家人开始给予他更多的关心和爱护。即使在咨询过程中，他的心理问题已经得到了很大程度的改善，但他为了继续获得这种关注，仍会以自己还没有完全康复为由，继续接受心理咨询。

对未来的恐惧和不安

◇ 对问题复发的恐惧

曾经深受心理问题困扰的来访者，往往对问题的复发有着深深的恐惧。即使目前的状态已经有了明显好转，但他们仍然害怕一旦结束咨询，没有了咨询师的专业指导和支持，心理问题会卷土重来。例如，一位患有强迫症的来访者，经过长时间的咨询和自我调整，强迫症状已经基本消失。然而，他始终担心在未来的某个时刻，强迫症会突然复发，给自己的生活带来巨大的困扰。这种恐惧让他不敢轻易结束咨询，宁愿继续留在咨询中寻求安全感。

◇ 对适应新状态的不安

在咨询过程中，来访者逐渐适应了与心理问题共存的生活模式，以及在咨询中获得支持和帮助。当面临咨询结束，要重新回到完全独立应对生活的状态时，他们会感到无所适从。比如，一位长期依赖心理咨询来缓解压力的职场人士，在咨询过程中，学会了通过与咨询师交流来释放工作中的压力。当咨询即将结束时，他担心自己无法独自应对未来工作中的各种挑战，不知道如何在没有咨询师的情况下调整自己的心态，因此以自己还没有完全准备好为由，拒绝结束咨询。

来访者以自己还未痊愈为由不肯结束心理咨询，是多种因素综合作用的结果。无论是心理依赖、认知偏差，还是获益心理和对未来的恐惧，都反映出来访者在面对心理问题和康复过程中的复杂心态。

来访者了解了这些原因，就可以做好自己的心理建设，更好地与咨询师沟通，防止类似情况出现在自己身上。同时，主动去解决自己真正的心理问题而非借助其他方式，顺利和咨询师合作，完成心理咨询。

为什么改变常常会伴随 "反复"，是进步还是无效

在心理咨询的漫漫征途中，许多来访者怀揣着对心理健康和生活改善的期待踏入咨询室，满心希望通过专业的帮助走出心理困境。然而，有时会出现这样令人沮丧的情况：在咨询取得一定进展后，心理问题却再次浮现，症状出现反复。这不禁让来访者心生疑惑：心理咨询后出现反复，是不是就代表咨询无效呢？要解答这个问题，我们需要从多个层面深入剖析。

当改变出现"反复"，这可能正是成长的信号

在咨询中，我们常常期待改变能像一条笔直的上升线般稳

步向前，但现实中，许多人的成长轨迹更像螺旋式阶梯——看似回到原点，实则站在了更高的维度。如果你在咨询后感到状态反复，甚至怀疑"咨询无效"，请先给自己一个温柔的拥抱：这不是失败，而是心灵整合的必经之路。

◇ 为什么改变常伴随"反复"？

1. 潜意识的"安全警报"

长期形成的思维/行为模式像一条熟悉的旧路，即使它通向痛苦，大脑也会因"熟悉感"将其误认为安全区。新的应对方式出现时，"潜意识"的自我保护机制可能会触发"退行反应"，试图将其拉回旧有模式——这恰恰说明改变正在发生。

2. 情绪的滞后性

认知的改变往往先于情绪和行为。就像学习游泳时，你已知道正确的姿势（认知层），但身体（情绪层）仍会因紧张而僵硬。反复期正是身心同步的磨合过程。

3. 创伤修复的"再暴露"阶段

处理深层创伤时，咨询可能会暂时激活痛苦记忆，这种"症状加重"是治疗起效的标志之一，如同清理伤口时的短暂刺痛，是必然的过程。

◇ 反复≠退步：三个视角重新解读反复

1. 微观视角

仔细观察反复时的细节，我们能从中发现真实存在的小小进步。小进步正是从量变到质变的前奏。

这次的焦虑强度是否比上次低5%?

情绪平复时间是否缩短了半小时?

是否多了一个自我觉察的瞬间?

2. 成长周期视角

"反复"本就是改变周期中的正常环节,就像植物破土前的蓄力。

在心理咨询中,来访者的成长周期通常是:准备期 → 行动期 → 反复期 → 巩固期。

通常任何一个接受长期心理咨询的来访者,都会在产生一个小进步后经历一个停滞期或者反复期,然后再进步、再反复,但是每次反复的间隔延长、持续缩短,重复的频率在减少。这预示着反复期虽然是必然过程,但渐渐地会被淡化,新的稳定变化将逐步登场成为主角。

3. 系统视角

家庭/职场系统的惯性可能会"拉扯"你回到旧模式,此时的反复是在提醒你:哪些外部因素需要调整?哪些关系边界需要重新设定?比如,一回到家,看见玩游戏的孩子就想发火,原先在咨询室做的努力很容易功亏一篑。在咨询师的帮助下,来访者可改变自己的认知,认为孩子在作业完成后玩或者先玩10分钟也是可以接受的,重新定义边界。

如何将"反复"转化为成长资源?

◇ 记录你的"改变标尺"

制作简易情绪日记,用 1~10 分记录:本周应对压力的速度比上月快多少? 自我否定的频率下降了多少?

比如一位来访者发现,虽然仍会焦虑,但他自我攻击的时长从 3 小时缩短到了 20 分钟。

◇ 与咨询师开放讨论

请直接表达:"最近我感觉到……,这让我有些困惑。"你的反馈能帮助咨询师调整干预节奏,发现被忽视的成长点,与你共同制订"反复应急预案"。

◇ 践行 90% 原则,允许不完美的进步

不必追求 100% 的稳定进步,允许自己:有 10% 的时间感到疲惫,有 10% 的场景使用旧模式,有 10% 的进展不被他人看见。

真正的改变,从接纳"不完美进步"开始。

需要警惕的"反复"信号(少数情况)

如果出现以下情况,请及时与咨询师沟通:2 周以上持续情绪严重低落 / 亢奋;社会功能,如工作、学习、社交等,显

著受损；出现自伤/伤人等危机倾向。

出现以上情况需咨询师评估是否属于正常反应。

心灵成长如同潮汐，退潮时看似失去领地，实则在积聚下一次推进的力量。你此刻的困惑、挣扎，恰恰证明你在真诚地面对自己。请相信：反复中的你，依然是勇敢的探索者。我们永远可以在下一次咨询中，一起拆解这个"反复"带来的信息。

第六章

特殊情景及特殊人群
的心灵守护指南

情感关系危险信号自查：
守护爱人的心理防线

有时候我们已经受到情感关系的影响，生活在高压敏感的状态下，可是自己却不知道，甚至还在为"伤害你的人"考虑。比如："他总是生气，一定是我不好。""他是为了我才不让我去见朋友的。"这种隐形的情感剥夺或者是虐待，我们需要擦亮眼睛分辨，尽快寻求心理咨询师的帮助。

情感关系中的心理危机预警灯

在情感关系中，有许多迹象可以被视为心理危机的预警信号。以下是 15 个常见的情感关系心理危机预警灯：

1. 沟通严重减少

双方不再像以前那样分享生活中的点滴，对彼此的事情缺乏兴趣，沟通变得敷衍、简短，甚至经常陷入沉默。比如，回家后各自玩手机，几乎不交流当天的经历和感受。

2. 频繁激烈争吵

经常因为一些小事就发生激烈的争吵，而且争吵频率越来越高，争吵时互相指责、攻击，很难心平气和地解决问题，严重影响彼此的情绪和关系。

3. 开始互相隐瞒

双方不再坦诚相待，开始对一些事情隐瞒或撒谎，比如财务状况、社交活动、与异性的接触等，这会破坏信任基础，让关系变得不稳定。

4. 缺乏尊重行为

经常贬低对方的想法、感受、兴趣爱好或职业选择等，不尊重对方的意见和决定，在他人面前也不考虑对方的面子，伤害对方的自尊心。

5. 嫉妒心过度

过度嫉妒对方与其他异性的正常交往，甚至对对方的同性朋友、同事也表现出过度的猜忌和不满，给对方带来很大的压力。

6. 出现暴力行为

无论是言语上的暴力，如辱骂、威胁，还是身体上的推搡、殴打等暴力行为，都将严重破坏情感关系，是非常危险的信号。

7. 性生活不协调

性生活频率大幅下降，或一方总是拒绝另一方，且双方无法就性生活中的问题进行有效的沟通，这可能暗示着情感关系出现了更深层次的问题。

8. 对未来无规划

双方都避免谈论未来，对关系没有明确的规划和目标，不知道这段关系要走向何方，缺乏对共同未来的期待和努力方向。

9. 负面情绪蔓延

在一起时总是感到压抑、焦虑、痛苦等负面情绪，而不是轻松、快乐、安心等积极情绪，说明这段关系可能存在一些问题，影响到了彼此的心理健康。

10. 行为变得自私

在做任何事情或做决策时，只考虑自己的利益和感受，不考虑对方的需求，不愿意为对方付出，也不愿意妥协和让步。

11. 拿对方与他人比较

经常将对方与他人进行比较，比如朋友、同事或前任等，总是觉得别人的伴侣更好，这会让对方感到自己不被认可和欣赏。

12. 情绪过山车现象

在伴侣面前突然从大笑转为痛哭，事后用"太累了"解释。这是长期情感压抑导致的边缘系统失调，使得情绪调节功能受损。

13. 记忆迷雾

频繁质疑自己对争吵细节的记忆，常说"可能是我记错了"。这是一种持续被削弱认知自信的表现，1个月内出现5次以上记忆自我怀疑，就已经很危险了。

14. 社交撤退

退出所有兴趣社团、拒绝三年以上老友的见面、视频通话必须关灯进行，这是病态羞耻感与关系孤立策略的双重作用产生的影响。

15. 愧疚植入术

经典话术："要不是为了你，我早就……"用"为你好"阻止家庭聚会，制造朋友间的信任危机。

介入的黄金行动指南

在关注到关系中出现上述预警后，我们可以采取下面的一些行动来主动修复受损的关系。

◇ 建立信任锚点

1. 安全对话公式

我注意到（具体行为）+ 我感受到（情感共鸣）+ 你需要（提供选择）。

示例：

"我注意到你这周推掉了三次聚会，感受到你可能需要支持，需要我陪你散步并聊聊吗？"

2. 记忆唤醒技术

通过老照片、纪念品等触发其被操控前的自我认知："还记得我们一起夜骑时，你说过要做独立设计师吗？"

◇ 认知重构训练

1. 思维对照卡

对"扭曲认知"进行"健康重构"。

将"都是我不好"重构为"我在复杂情境中已尽力"。

将"离开他我就完了"重构为"我有能力重建生活"。

2. 现实检验工具

当对方说"所有人都讨厌我"时，立即联系三位不同社交圈成员验证。

◇ 专业转介策略

使用心理咨询破冰术。

隐喻引导："心理医生就像情感健身教练"。

去污名化："40% 的精英人士都有私人心理顾问"。

资源渗透：在他常看的书中夹心理咨询科普页。

发现与防范校园欺凌：
家长必知指南

在孩子的成长过程中，校园本应是充满欢笑与知识的乐园，但校园欺凌的阴影却可能悄然笼罩。作为家长，及时发现校园欺凌的潜在可能性并做好防范至关重要。以下通过罗列相关现象并加以解释，希望能帮助家长敏锐察觉孩子可能面临的问题。

身体迹象方面

◇ 不明原因的伤痕

1. 现象
孩子身上出现莫名其妙的擦伤、淤青、抓伤或其他伤痕，且孩子对伤痕的来源解释含糊不清或刻意隐瞒。

2. 解释

这些伤痕很可能是在与他人的冲突中造成的。在校园欺凌中，身体暴力是较为常见的形式，欺凌者可能通过推搡、殴打、踢踹等行为伤害被欺凌的孩子。孩子隐瞒伤痕来源，可能是害怕再次被欺负，或者担心家长和老师不相信自己，也可能是受到了欺凌者的威胁。

◇ 衣物或物品损坏

1. 现象

孩子的衣物出现破损、撕扯痕迹，书包、文具等学习用品无故损坏，或者经常丢失重要物品。

2. 解释

这有可能是欺凌者故意为之。他们可能通过破坏孩子的衣物和物品来达到羞辱、打击孩子的目的，或者强迫孩子交出物品。例如，一些欺凌者会抢走孩子的零花钱、手机等贵重物品，甚至故意损坏孩子心爱的文具，以此来显示自己的"权威"。

行为表现方面

◇ 逃避上学

1. 现象

孩子原本对上学充满热情，却突然变得不愿意上学，找各种借口请假，如谎称肚子疼、头疼等，或者在上学时间磨蹭、拖延，甚至出现逃学行为。

2. 解释

这可能表明孩子在学校遭遇了不愉快的事情，校园欺凌是其中一个重要原因。被欺凌的孩子可能害怕在学校再次遇到欺凌者，从而产生对上学的恐惧和抵触情绪。他们担心在学校会受到身体伤害、言语侮辱或社交孤立，因此试图通过逃避上学来避免这些痛苦。

◇ 行为异常暴躁或孤僻

1. 现象

孩子在家中的行为发生明显变化，要么变得异常暴躁，容易发脾气，对家人的一点小要求就反应过激；要么变得沉默寡言、孤僻，不愿与家人交流，经常独自待在房间，回避社交活动。

2. 解释

长期遭受校园欺凌会给孩子带来巨大的心理压力，这种压力可能以不同的方式表现出来。行为暴躁可能是孩子内心积压的愤怒和委屈的宣泄，他们无法通过正常途径解决在学校面临的问题，只能将情绪发泄在家人身上。而变得孤僻则是孩子为了自我保护，避免再次受到伤害而选择封闭自己，减少与外界的接触。

◇ 学习成绩下滑

1. 现象

孩子的学习成绩突然大幅下降，作业完成质量变差，课堂上注意力不集中，对学习失去兴趣。

2. 解释

校园欺凌会严重干扰孩子的学习状态。被欺凌的孩子可能在课堂上无法集中精力听讲，脑海中一直想着被欺负的场景和可能再次面临的威胁，从而影响学习效果。同时，心理上的压力也可能导致孩子对学习产生厌烦情绪，失去学习的动力和积极性。

情绪状态方面

◇ 频繁做噩梦

1. 现象

孩子经常在夜间做噩梦，睡眠质量差，甚至会在梦中惊醒，表现出恐惧、哭泣等状态。

2. 解释

校园欺凌给孩子带来的心理创伤可能会在睡眠中以噩梦的形式表现出来。孩子在清醒时可能会努力压抑对欺凌事件的恐惧和不安，但在睡眠状态下，这些负面情绪会更容易浮现。例如，孩子可能会梦到再次被欺凌者追赶、打骂，从而导致惊醒和情绪不稳定。

◇ 情绪低落、焦虑

1. 现象

孩子整天闷闷不乐，脸上很少有笑容，容易焦虑、紧张，对一些小事过度担忧，甚至出现食欲不振、失眠等身体症状。

2. 解释

长期处于被欺凌的环境中，孩子会感到无助和绝望，情绪自然会变得低落。焦虑则是因为他们时刻担心欺凌事件再次发生，处于一种高度警觉的状态。身体上的症状如食欲不振和失眠，也是情绪问题在身体上的反映，说明孩子的心理压力已经对身体健康产生了影响。

社交关系方面

◇ 朋友减少

1. 现象

孩子原本有很多朋友，但突然与之前的朋友疏远，在学校没有固定的玩伴，总是独来独往。

2. 解释

这可能是校园欺凌导致的。欺凌者可能会通过言语威胁或社交孤立的方式，让其他同学不敢与被欺凌的孩子交往。被欺凌的孩子自身也可能因为害怕连累朋友，或者觉得自己在同学面前丢脸，而主动减少与朋友的联系。长期处于这种孤立无援的状态，会进一步加重孩子的心理负担。

◇ 收到奇怪信息

1. 现象

孩子的手机或社交账号上收到一些威胁、辱骂、嘲笑的信息，或者孩子总是删除聊天记录，行为鬼鬼祟祟。

2. 解释

随着网络的普及，网络欺凌也成为校园欺凌的一种常见形式。欺凌者可能会通过短信、社交媒体平台等对孩子进行骚扰和攻击。孩子删除聊天记录，很可能是不想让家长发现自己正在遭受网络欺凌，或者是受到了欺凌者的威胁，要求他删除相关信息。

防范措施

◇ 加强沟通交流

家长要每天抽出一定时间与孩子交流，耐心倾听他们在学校的经历，无论是开心的还是不开心的事情。在交流过程中，要给予孩子充分的关注和理解，让孩子感受到自己被重视。例如，可以在晚餐时营造轻松的氛围，询问孩子今天在学校有没有什么有趣的事情发生，鼓励孩子分享自己的感受。

◇ 关注孩子的情绪变化

密切留意孩子的情绪状态，一旦发现孩子出现情绪低落、焦虑、暴躁等异常情况，要及时与孩子沟通，了解原因。可以通过观察孩子的日常行为，如吃饭、睡觉、玩耍等方面的表现，来判断孩子的情绪是否正常。如果发现问题，要以温和的方式引导孩子说出内心的想法，帮助他们缓解情绪压力。

◇ 教育孩子自我保护

教孩子一些自我保护的方法和技巧，如遇到危险时要大声呼救，尽量避免与欺凌者单独接触，学会用坚定的语气表达自己的态度等。同时，也要教育孩子尊重他人，不参与任何形式的欺凌行为。可以通过角色扮演的方式，让孩子在模拟场景中练习自我保护技能，提高他们的应对能力。

◇ 与学校保持密切联系

家长要定期与老师沟通，了解孩子在学校的表现和学习情况，同时也要关注学校是否存在校园欺凌现象。可以参加学校组织的家长会、家长开放日等活动，与老师面对面交流。如果发现孩子可能受到欺凌，要及时向学校反映，要求学校采取措施进行调查和处理。

◇ 培养孩子的社交能力

鼓励孩子积极参加学校的社团活动、兴趣小组等，帮助他们结交更多的朋友，拓展社交圈子。良好的社交关系可以为孩子提供支持和帮助，减少他们遭受校园欺凌的可能性。同时，也要教导孩子如何与他人友好相处，学会处理与同学之间的矛盾和冲突。

校园欺凌对孩子的身心健康会造成严重的伤害，家长要时刻保持警惕，通过观察孩子的身体迹象、行为表现、情绪状态和社交关系等方面，及时发现校园欺凌的潜在可能性，并采取有效的防范措施，为孩子创造一个安全、健康的成长环境。

过劳死的预警曲线与
干预时间窗

在当下快节奏的社会环境中，工作压力如影随形，过劳死这一严峻问题逐渐凸显，已成为职场人群乃至全社会都不可忽视的健康威胁。过劳死并非一蹴而就，而是身体与心理在长期过度劳累的状态下，逐步走向崩溃的结果。这一过程存在清晰的预警曲线，同时也有关键的干预时间窗。了解这些，对预防过劳死、保障劳动者的生命健康起着至关重要的作用。

关注：身体微恙与心理初疲

◇ 身体表现

频繁疲劳感：在起始阶段，身体最早发出的信号便是频繁出现且难以缓解的疲劳感。即便经过充足睡眠与休息，次日仍会感觉精神萎靡、浑身乏力。

比如，一位长期加班的程序员，每天早晨醒来都好似未曾休息，四肢沉重，这种疲劳感会持续贯穿整个工作日，严重影响工作效率。

肌肉酸痛：长时间维持同一姿势工作，像久坐办公室的白领，颈部、肩部及腰部的肌肉极易出现酸痛症状。这是由于肌肉长时间处于紧张状态，得不到放松，致使局部血液循环不畅。

比如，从事文字工作的编辑，可能工作数小时后就会感到颈部僵硬，转动时疼痛加剧。

免疫力降低： 身体开始频繁出现感冒、喉咙发炎等症状，并且恢复时间较以往更长。这是过度劳累导致免疫系统功能下降，身体抵御外界病菌的能力减弱所致。

比如，一位销售人员在连续高强度出差及拜访客户后，频繁患上感冒，每次感冒康复所需的时间都比往常多。

◇ 心理成因

工作负荷超载： 在职场中，当工作量过大且时间紧迫时，员工会长时间处于高压状态。

比如，在广告公司从事创意策划的人员，可能要同时负责多个项目，每个项目都有严格的时间节点，这使他们长期处于紧张忙碌之中，精神高度集中，心理上逐渐积累起疲劳感。

工作自主性缺失： 当员工对自身工作内容、流程等缺乏掌控感时，心理压力会随之增大。

以流水线上的工人为例，他们每天机械地重复相同操作，工作内容单调且缺乏自主性，很容易产生厌倦与疲惫心理。

预警：身体症状加剧与心理压力攀升

◇ 身体表现

睡眠障碍： 随着过劳状态的持续，睡眠问题愈加显著。

表现为入睡困难、多梦、易惊醒，甚至出现失眠症状。

长期熬夜加班的互联网从业者，常常在夜晚躺在床上后，大脑依旧处于兴奋状态，难以入睡，即便勉强入睡，也会频繁做梦，导致睡眠质量严重下滑。

消化系统紊乱： 出现食欲不振、消化不良、胃痛等症状。这是因为长期的精神压力影响了胃肠道的正常蠕动与消化液分泌。

比如，金融行业的从业者，由于工作压力大，三餐不规律，许多人都患有不同程度的胃炎，时常感到胃部不适，食欲减退。

心血管系统异常： 可能出现血压升高、心跳加快等症状。过度劳累加重了心脏负担，使身体长期处于应激状态，进而导致心血管系统功能失调。

比如，一位企业中层管理者，在长期高强度工作后，体检时发现血压明显升高，经常感到心慌心悸。

◇ 心理成因

职业发展焦虑： 在职业发展进程中，员工担心自身能力无法满足工作要求，或者忧虑在竞争激烈的职场中被淘汰，从而产生焦虑情绪。

比如，在新兴科技行业，技术更新换代极为迅速，从业者需要不断学习新知识、新技能，否则就可能失业，这种职业发展焦虑会持续加重心理负担。

人际关系紧张： 工作中的人际关系问题，如与同事、上级之间的矛盾冲突，同样会给员工带来心理压力。

在团队合作项目中，如果成员之间沟通不畅、分工不合理，极易引发矛盾，使员工在工作中感到压抑与烦躁。

警告：身体机能严重受损与心理濒临崩溃

◇ 身体表现

严重心血管疾病：在这一阶段，可能出现心肌梗死、脑卒中等严重心血管疾病的前期症状，如胸部压榨性疼痛、头晕、头痛、肢体麻木等。这些症状表明身体已处于极度危险状态，是长期过劳致使心血管系统不堪重负的结果。

比如，一位长期高强度工作的企业高管，在一次会议中突然感到胸部剧烈疼痛，紧急送往医院后被诊断为急性心肌梗死。

内分泌失调：出现内分泌紊乱症状，如女性月经不调、男性性功能障碍等。长期的精神压力与身体疲劳干扰了内分泌系统的正常调节功能。

比如，从事媒体行业的女性，由于长期熬夜、工作压力大，许多人都出现了月经紊乱的情况。

身体器官功能受损：肝脏、肾脏等重要器官功能受损，可能出现肝功能异常、肾功能下降等症状。过度劳累使身体器官长期处于高负荷运转状态，得不到充分休息与修复，进而导致功能受损。

比如，一位长期在工厂从事高强度体力劳动的工人，体检时发现肾功能指标明显异常。

◇ 心理成因

长期心理压抑：在长期的工作压力下，员工内心的负面情绪不断累积，却又无法得到有效宣泄，导致心理压抑感日益强烈。

比如，一位在传统企业中工作多年的员工，对工作内容感到厌倦，却因生活压力无法轻易辞职，长期处于这种矛盾与压抑的状态中。

心理崩溃倾向：当心理压力达到极限时，员工可能会出现心理崩溃的倾向，表现为情绪失控、焦虑抑郁症状加重，甚至产生自杀念头。

比如，一些职场新人在面对巨大的工作压力与复杂的人际关系时，可能因无法承受而陷入心理崩溃的边缘。

干预时间窗

◇ 起始阶段干预

调整工作节奏：在起始阶段，员工应及时察觉身体与心理的疲劳信号，主动与上级沟通，合理安排工作任务，调整工作节奏。比如，与上级协商适当减少工作量，或者合理分配工作时间，避免过度劳累。

改善生活习惯：保证充足睡眠，每天睡够 7~9 小时，合理规划饮食，多摄入营养丰富的食物，如蔬菜、水果、全谷物等。同时，增加适量运动，每周进行 3~4 次有氧运动，每次

30分钟以上，有助于缓解身体疲劳，增强免疫力。

◇ 发展阶段干预

寻求心理支持： 当身体症状加重且心理压力累积时，员工应及时寻求心理支持。可以与家人、朋友倾诉，分享自己的工作压力与困扰，也可寻求专业心理咨询师的帮助。比如，通过与心理咨询师交流，了解自身情绪状态，学习有效的情绪管理与压力应对方法。

进行身体检查： 定期进行全面身体检查，及时发现身体潜在问题，并采取相应措施。对于已经出现的睡眠障碍、消化系统紊乱等症状，要积极配合医生治疗，调整生活方式，促进身体恢复。

◇ 高危阶段干预

紧急医疗救治： 在高危阶段，一旦出现严重身体症状，如心肌梗死、脑卒中的前兆，必须立即前往医院进行紧急医疗救治。同时，家人和同事要给予患者充分的关心与支持，帮助其渡过难关。

心理危机干预： 对于出现心理崩溃倾向的员工，要及时进行心理危机干预。专业的心理救援团队可通过心理疏导、药物治疗等方式，帮助患者缓解焦虑抑郁情绪，消除自杀念头，重建心理健康。

过劳死的预警曲线，清晰展现了身体与心理逐步走向崩溃的过程，每个阶段都有其独特的身体表现与心理成因。而干预时间窗则为我们提供了阻止悲剧发生的契机。无论是员工自身、企业还是社会，都应高度重视过劳死问题，密切关注预警信号，及时采取有效干预措施，共同为劳动者的生命健康筑牢防线。

银发自由期：从身份焦虑到自我重构

退休，本应是人生享受悠闲时光、开启全新生活篇章的阶段，但不少人却可能陷入退休综合征的泥沼。及时发现退休综合征的症状，并借助认知重建路径走出困境，对于退休人员的身心健康意义重大。

发现退休综合征症状

◇ 情绪波动明显

退休后，一些人会突然变得情绪低落、焦虑不安。原本性格开朗的人，可能经常唉声叹气，对以往感兴趣的活动也提不起精神。

例如，老张退休前是单位的活跃分子，组织活动、参与聚会都十分积极。可退休后，他整天待在家里，面对朋友的邀约也总是推脱，情绪变得十分低落，常常莫名地感到烦躁。

这种情绪的大幅波动，是退休综合征的常见症状之一，可能源于对退休后生活节奏改变的不适应，以及社会角色转变带来的心理落差。

◇ 行为习惯改变

退休人员的行为习惯也会出现显著变化。有的会过度沉迷于电视、网络，借此打发时间；有的则变得极度慵懒，日常活动量大幅减少。

比如，李阿姨退休前每天忙于工作，生活充实有序。退休后，她常常一坐就是一整天，一直在看电视，原本规律的锻炼和社交活动都被搁置。

这种行为习惯的改变，反映出他们在退休后未能找到新的生活重心，内心处于一种迷茫状态。

◇ 生理健康问题

退休综合征还可能引发一系列生理健康问题。由于情绪和生活方式的改变，一些人会出现失眠、食欲不振、头痛等症状。

例如，王大爷退休后，因为不适应退休生活，精神压力增大，晚上常常辗转反侧，食欲也大不如前，身体逐渐消瘦。

这些生理症状还可能会进一步加重他们的心理负担。

认知重建路径

◇ 重新审视退休意义

退休人员首先要认识到，退休并非是人生的终点，而是全新生活阶段的开始。面临退休的人，可以回顾自己的职业生涯，思考自己为社会做出的贡献，同时展望退休后的生活，将其视为追求个人兴趣、陪伴家人、回馈社会的宝贵时期。

比如，赵叔叔退休后，开始回顾自己在工作岗位上为企业发展付出的努力，以及收获的经验和成就。他意识到，退休让他有更多时间去学习绘画，这是他一直以来的兴趣爱好。

通过这种重新审视，他对退休生活有了积极的期待，心态也逐渐转变。

◇ 调整自我认知

退休后，社会角色发生了变化，退休人员需要重新调整自我认知。不能再将自己仅仅定义为工作中的角色，而是要挖掘生活中其他方面的身份和价值。

例如，孙阿姨退休前是单位的业务骨干，退休后她感到自己失去了价值。但在家人的鼓励下，她发现自己在社区志愿服务方面很有热情和能力。她积极参与社区活动，帮助邻里解决问题，逐渐认识到自己作为社区一员、家庭成员的重要价值，自我认知得到了积极调整。

◇ 设定新目标与计划

为退休生活设定明确的目标和计划，有助于让生活重新变得充实有序。目标包括学习新技能、培养兴趣爱好、参与社交活动等。

比如，周爷爷退休后给自己制订了详细的学习计划，每周学习一种新的烹饪技巧，每月阅读一本历史文化类的书，每季度参加一次老年大学的兴趣班。通过这些目标和计划的设定，他的退休生活变得丰富多彩，不再感到空虚和迷茫。

◇ 积极社交拓展圈子

退休人员应主动走出家门，积极参与社交活动，拓展社交圈子。与同龄人交流退休生活经验，结识新朋友，分享彼此的快乐，缓解孤独感。

例如，吴奶奶退休后加入了社区的舞蹈队，在舞蹈排练和表演过程中，她结识了许多志同道合的朋友，大家一起交流生活、分享快乐。通过积极社交，吴奶奶的生活变得更加充实，退休综合征的症状也逐渐减轻。

退休综合征并不可怕，只要退休人员能够及时发现自身症状，并通过认知重建路径，积极调整心态、重新规划生活，就能够顺利度过退休后的适应期，开启丰富多彩的退休生活新篇章。

救助者也需要
"防毒面具"吗

在帮助他人应对心理困境的过程中，救助者（包括心理咨询师和有类似工作性质的人群）如同冲锋在前的战士，时刻直接接触求助者的负面情绪。然而，这些负面情绪就像无形的"病毒"，极易感染救助者，影响其身心健康与工作效率。因此，构建有效的情绪"防毒面具"至关重要。

早期识别

◇ 情绪变化

情绪的易感性增强：救助者开始对一些原本不会引起强烈情绪反应的事情变得敏感。这可能是因为在长期接触有情绪的求助者的过程中，他们内心对相关负面情绪的感受阈值降低，容易被类似情境触发情绪反应。

情绪的持续性低落：如果救助者在一段时间内，持续处于情绪低落状态，对以往感兴趣的活动失去热情，甚至出现抑郁情绪的一些典型表现，如睡眠障碍、食欲不振等，就需要警惕出现替代性创伤的可能。例如，原本热爱户外运动的救助者，开始频繁拒绝朋友的户外活动邀约，整天待在家里，情绪低落，这可能是受到求助者负面情绪的深度影响，陷入了替代性创伤的早期阶段。

◇ 认知改变

对世界的认知偏差：救助者可能会逐渐对世界产生一种消极、悲观的认知。原本认为生活充满希望和美好的他们，开始觉得世界是残酷的，人生充满了无奈和痛苦。这种认知偏差的产生，往往是由于长期沉浸在求助者所描述的困境和负面经历中，使得救助者对生活的整体看法发生了改变。

自我认知的动摇：救助者对自己的能力和价值产生怀疑。他们可能会觉得自己在帮助求助者的过程中毫无成效，对自己的专业能力失去信心，甚至开始质疑自己从事救助工作的意义。例如，当救助者花费大量时间和精力帮助一位受助人员，但对方的状况没有明显改善时，救助者可能会陷入自我怀疑，认为自己没有能力帮助他人。这种自我认知的动摇可能是替代性创伤的早期信号。

◇ 行为异常

回避相关工作或话题：救助者开始有意无意地回避相关的工作任务，或者在与他人交流时，极力避免提及相关话题。例如，在团队讨论如何帮助他人时，救助者会找借口离开，或者在面对新的求助者时，表现出抵触情绪。这种回避行为是身体和心理的一种自我保护机制，但同时也可能是替代性创伤的早期表现。

行为模式的改变：救助者的日常行为模式发生显著变化。原本生活规律、自律的人，可能会出现生活混乱、缺乏条理的情况。比如，开始忽视个人卫生，作息时间颠倒，工作效率大幅下降等。这些行为模式的改变，可能是由于替代性创伤导致的心理压力影响了他们正常的生活和工作状态。

阻断技术

◇ 心理教育与自我意识提升

开展心理培训：救助者所在的机构或组织应定期为救助者开展关于替代性创伤的心理培训。通过系统培训，救助者能够对替代性创伤有更深入的了解，提高自我识别和防范意识。比如，通过案例分析，让救助者清晰认识到不同阶段替代性创伤的表现，从而在自身出现类似情况时能够及时察觉。

强化自我反思：救助者要养成定期自我反思的习惯。每天或每周抽出一定时间，回顾自己在工作中的情绪、认知和行为变化。通过自我反思，救助者能够及时发现自己是否受到替代性创伤的影响，并分析原因。比如，救助者在反思中发现自己最近对求助人的态度变得不耐烦，通过深入思考，意识到这可能是由于长期接触他们的负面情绪导致自己出现了替代性创伤的早期症状，从而及时采取措施进行调整。

◇ 建立支持系统

同行支持小组：建立救助者同行支持小组，让救助者们能够定期交流工作中的感受和困惑。在小组中，成员们可以分享自己应对替代性创伤的经验和方法，互相倾听、互相支持。

例如，在支持小组活动中，救助者小张分享了自己在面对一位情绪极度低落的退休求助者时，如何通过与团队成员的交流，调整心态，避免陷入替代性创伤的经历，为其他成员提供了借鉴。

专业督导与咨询：寻求专业督导的指导和心理咨询师的帮助是阻断替代性创伤的重要手段。专业督导能够从专业角度对救助者的工作进行评估和指导，帮助他们发现潜在的问题，并提供针对性的解决方案。当救助者感觉自己受到替代性创伤影响时，及时寻求心理咨询师的心理疏导，通过专业的心理干预，缓解心理压力，修复心理创伤。

◇ 合理安排工作与休息

工作负荷管理：救助者所在机构也应该调整工作负荷，避免他们长期处于高强度的工作状态。制订科学的工作时间表，确保救助者有足够的休息时间来恢复精力。例如，避免让救助者连续长时间接待求助者，而是合理分配工作任务，给他们留出适当的休息间隔，以减轻心理压力，降低替代性创伤的发生风险。

培养兴趣爱好：救助者自身要注重培养兴趣爱好，丰富业余生活。在工作之余，投入自己喜欢的活动中，如绘画、音乐、阅读等。这些兴趣爱好能够帮助救助者转移注意力，缓解工作带来的压力，让他们在工作之外找到快乐和满足感。

例如，救助者小李在业余时间学习绘画，通过绘画表达自己的情感，释放工作中的负面情绪，有效预防了替代性创伤的发生。

通过早期识别替代性创伤的迹象，并及时运用有效的阻断技术，救助者能够更好地保护自己的心理健康，在帮助他人时持续保持良好的身心状态，发挥更大的作用。

"创伤知情家庭"
沟通重构指南

"创伤知情家庭"是指家庭成员能够认识到创伤对个体和家庭系统的影响，并积极采取相应措施来应对和促进康复的家庭模式。在家庭生活中，当面临如替代性创伤等心理困境时，有效的沟通重构对于构建创伤知情家庭、促进家庭成员的心理健康至关重要。以下详细介绍一下创伤知情家庭的沟通重构指南。

建立开放包容的沟通氛围

◇ 鼓励表达真实感受

家庭成员之间应相互鼓励，勇敢地表达内心的真实感受。尤其是当有成员可能经历了类似替代性创伤的困扰时，要让其知道分享感受是被接纳和支持的。

例如，家长可以对孩子说："宝贝，不管你遇到什么事，开心的、难过的，都可以和爸爸妈妈讲，我们特别想了解你的想法。"

这种开放的态度能让家庭成员们在安全的环境中倾诉，避免情绪积压。

◇ 尊重不同观点和情绪

尊重每个家庭成员的观点和情绪反应，即便与自己的想法不同。

比如，在讨论家庭中某位成员因工作接触创伤案例而产生情绪变化时，其他成员不应立刻否定其感受，而是要耐心倾听，说："我能理解你会有这样的感受，每个人对事情的反应都不一样，你的感受很重要。"

这种尊重能让家庭成员感受到被重视，从而更愿意参与沟通。

提升沟通技巧

◇ 积极倾听

给予专注的关注： 在与家庭成员交流时，停下手中其他事务，专注地看着对方，用眼神表达自己在认真倾听。

例如，放下手机，身体微微前倾，给予讲述者充分的关注，让其感受到被尊重。

不打断与回应： 不要轻易打断对方说话，等对方表达完后再给予回应。回应时可以通过复述对方话语的关键部分来确认理解。

如对表达自己在工作中的焦虑感的家庭成员说："你是说因为工作中接触到的那些退休人员的负面情绪，你自己也开始变得焦虑，对吗？"

这样既能让讲述者感到被倾听，也能确保信息准确传达。

◇ 运用恰当语言

避免评判性语言： 杜绝使用批评、指责或贬低的语言。

比如，当家庭成员分享自己在创伤相关经历中的感受时，不要说："你怎么这么脆弱，这点事就受不了。"而应使用理解和支持性的语言，如："我知道这对你来说很不容易，你能坚持到现在已经很厉害了。"

使用肯定性语言： 多给予肯定和鼓励，增强成员的自信心。

比如，当成员尝试表达自己在面对创伤影响时的应对方法时，及时肯定："你这个方法很不错，看得出你在努力调整，继续加油！"

定期开展家庭沟通会议

◇ 设定固定时间

家庭可以设定每周或每月在固定的时间开展沟通，确保每个成员都有机会分享自己近期的生活、工作或学习情况，以及心理层面的感受。

例如，每周日晚上安排 1 小时作为家庭沟通时间，大家围坐在一起，畅所欲言。

◇ 明确沟通主题

每次沟通会议可以有一个明确的主题，如"近期工作中的压力与应对""最近家庭中让你感到温暖的事"等。围绕主题展开讨论，能让沟通更有针对性，也有助于家庭成员聚焦问题，共同寻找解决方案。

比如，当主题是"本周晓军在学校受欺负的现象分享"时，大家可以分享自己在面对类似困境时的经验和心得，互相学习借鉴。

关注非语言沟通

◇ 留意肢体语言

肢体语言在沟通中起着重要作用。家庭成员要留意彼此的肢体动作，如皱眉、叹气、身体紧绷等，这些可能暗示着对方内心的压力或困扰。

比如，孩子在讲述学校事情时，不停地咬手指，可能表示他有些紧张或不安，此时家长可以轻轻握住孩子的手，给予安抚，同时引导其表达真实感受。

◇ 运用身体接触

适当的身体接触能传递温暖和支持。

比如，当家庭成员因经历了创伤相关的困扰而情绪低落时，一个拥抱、拍拍肩膀等简单的身体接触，都能让对方感受到关心和安慰。在家庭聚会时，增加一些亲密的身体接触，如家人之间的拥抱、拉手等，有助于营造温馨的家庭氛围，促进情感交流。

通过建立开放包容的沟通氛围、提升沟通技巧、定期开展家庭沟通会议以及关注非语言沟通，创伤知情家庭能够实现有效的沟通重构，帮助家庭成员更好地应对心理困境，共同守护家庭成员的心理健康。

与心灵的相遇，
是一场温柔的旅程

　　当写下最后一个标点时，我似乎有些不舍，回忆起三年前那个决定——将心理咨询中的知识化作普通人触手可及的星光。此刻，这本书如同一片羽毛，即将飘向无数陌生却温暖的掌心。而这一切，来自一次预定的邂逅……

　　"我觉得来访者也需要知识储备，他们在咨询的前前后后太被动，有太多的不了解。这样既妨碍了咨询的有效性，也无法让心理咨询师的工作发挥最大作用。白老师，有没有那么一本书，可以帮助来访在做咨询前，提高知识储备量；在咨询中引导他们应对咨询的变化；在咨询后陪伴他们继续成长？"这是中国纺织出版社有限公司的郝珊珊编辑打电话与我沟通的内容，这个话说得太专业了，我一时都没缓过劲，因为这跟我三年前的想法如出一辙。珊珊是我的老朋友，也是一名极好的编辑。从我上一本书的后期维护开始我们就认识了，她帮过我很多忙，当时我就很希望由她帮我出下一本书。这次的邀约，与其说邀请我写，倒不如说是帮我完成了一个多年的愿望。

　　我们一拍即合，因为虽然心理咨询普及很多年，但"心理咨询知识"还没有真的普及。

　　我要向我的编辑致以最深的谢意。也要感谢最热情的几位咨询师老学员尹岳鸿、谢秋霞、张语桐帮我校对，还有新加入白老师咨询师"战队"的新成员殷筱玮，她给我提供了小视频方面的灵感。

白京翔